感恩日记

时光
纪念版

THE GRATITUDE DIARIES

［美］贾尼丝·卡普兰 ◎著　张淼 ◎译
（Janice Kaplan）

中国科学技术出版社
·北 京·

本书中文简体字版通过 Grand China Publishing House（**中资出版社**）授权中国科学技术出版社在中国大陆地区出版并独家发行。未经出版者书面许可，不得以任何方式抄袭、节录或翻印本书的任何部分。

北京市版权局著作权合同登记　图字：01-2023-6124

图书在版编目（ＣＩＰ）数据

感恩日记 / （美）贾尼丝·卡普兰（Janice Kaplan）著；张淼译 . -- 北京：中国科学技术出版社，2024.
10. -- ISBN 978-7-5236-0835-7

Ⅰ . B821-49

中国国家版本馆 CIP 数据核字第 2024JD8278 号

执行策划	黄　河　桂　林	
责任编辑	申永刚	
策划编辑	申永刚	
特约编辑	郎　平	
版式设计	吴　颖	
封面设计	东合社	
责任印制	李晓霖	

出　　版	中国科学技术出版社
发　　行	中国科学技术出版社有限公司
地　　址	北京市海淀区中关村南大街 16 号
邮　　编	100081
发行电话	010-62173865
传　　真	010-62173081
网　　址	http://www.cspbooks.com.cn

开　　本	787mm×1092mm　1/32
字　　数	172 千字
印　　张	9
版　　次	2024 年 10 月第 1 版
印　　次	2024 年 10 月第 1 次印刷
印　　刷	深圳市精彩印联合印务有限公司
书　　号	ISBN 978-7-5236-0835-7/B·184
定　　价	69.80 元

（凡购买本社图书，如有缺页、倒页、脱页者，本社销售中心负责调换）

深圳市中资海派文化传播有限公司　创始人
中资海派图书　首席推荐官

桂林

中资海派诞生于创新之都的深圳，至今已有 20 多年。我们为读者提供了近 2 000 种优质的图书，其中不乏出版界现象级的作品，也博得了千千万万读者的认同。在这座"全球全民阅读典范城市"里，我们见证了深圳的奇迹，也参与到深圳的奇迹之中。

作为创始人和领航者，我每时每刻都以责任与匠心、温情与敬意，感恩我们这个伟大的时代，感恩我们的作者和读者。

"趋势洞察、敏捷行动、向善理念"是中资海派的行动指南，我们秉承"关联、互动、衍生"的商业生态逻辑，为经济转型、社会发展与文化创新注入"心动力"。中资海派愿和所有作者、读者一起，完成人与知识的美好链接，让读者获得最佳的阅读体验。在世界出版业的变革浪潮中，我们有幸站在巨人的肩膀之上，让思想的光芒熠熠生辉。感恩有你，"让城市的每扇窗户都透着阅读的灯光"，这是我们共同的行动，共同的梦想。

作为出品人，能将贾尼丝·卡普兰的这部经典作品带给广大读者，我深感荣幸。《感恩日记》以一年四季展开，涉及家庭、事业、金钱、健康、快乐等永恒主题。轻松有趣的文字，富有操作性的方法，能带给你美好的体验。作者独特的视角和敏锐的洞察，直击现代人心灵痛点，唤醒我们内心深处的感激之情，让我们重新发现生活中那些值得珍惜的瞬间，以阳光心态做最好的自己。

更重要的是，《感恩日记》所传递的感恩精神，是我们心灵之泉。正如古罗马哲学家西塞罗所言："感恩不仅是最好的美德，也是其他美德的源头。"当每个人都能心怀感激，我们的社会将更加温暖、更加宽容。感恩能够激发人们的同情心和互助精神，促进社区的凝聚力，增强社会的稳定性，创造"一种善行的永动循环"。

在充满变化与挑战的环境中，每个人都会感到巨大的压力，"感恩"正是一种应对挑战，对抗压力的可贵力量。《感恩日记》提供了一个便捷而实用的索引。当你借鉴这个索引，完成自己的"感恩日记"时，一定会惊喜地发现，原来我们生活如此美好。

本书赞誉

THE GRATITUDE DIARIES

隋双戈　医学博士、中国心理学会注册督导师

欧洲认证 EMDR 创伤治疗督导师

如果你正在遭受负面情绪的困扰、在亲密关系中遇到难题、不得不应对单调乏味的工作、对无法掌控的事务感到焦虑、在逆境中挣扎；或者，你希望更好地养育孩子，期望自己和所爱之人能够拥有一个更健康、快乐、美好的未来……无论如何，请翻开《感恩日记》。你会相信，这绝非一场偶然的邂逅，而是一个值得感恩的选择。

陶思璇　应用心理学博士、央视特邀情感心理专家

《感恩日记》让我们了解到感恩是一种力量。这种力量能让你在职场和生活中变得温暖而不软弱，获得前所未有的幸福感和成就感。

张学新　复旦大学心理系教授、著名心理学家

发现已经拥有的美好，就是感恩。在《感恩日记》中，贾尼丝向人们示范如何探究幸福，在感恩中获得积极的心理体验。学会感恩吧，生活会更快乐！

任　丽　壹心理年度优秀心理咨询师、《我们内在的防御》作者

你认为自己是幸运的人吗？如果你能经常感受到自己所拥有的，那么你将会拥有更多。我们的大脑习惯于关注那些我们从未拥有过、失去了或者给我们带来痛苦的事物。贾尼丝·卡普兰的《感恩日记》帮助我们捕捉生活赋予我们的、常常被我们忽视的馈赠。通过每天的感恩练习，有意识地训练我们的大脑去关注生活中更多积极的方面。这样做可以让我们的内心感到安全、富足和丰盈，从而过上幸福的生活。

刘亿蔓　系统式家庭治疗师、资深婚姻两性关系专家

感恩，如同一颗微小而璀璨的星辰，时常隐匿在生活的细节之中，等待我们的发现。在繁忙的生活中，我们常常忽视了那些微小却珍贵的瞬间。《感恩日记》如同一面镜子，映照出生活中的点滴美好与温情。它以科学的方式，引导我们记录下每天的感恩之情，从而提升我们的幸福感和满足感。每一页都充满了对生活的热爱与感激，让我们在忙碌中也能找到心灵的慰藉。当我们一旦真正意识到感恩的力量并珍惜它，这股心流会如涓涓细流般汇聚成河，涌动着无尽的能量，赋予我们面对困境时的勇气与力量，让我们在生活的风雨中，依然能够坚定前行，绽放出生命的光芒。

青　音　畅销书作家、资深心理咨询师

感恩是一种能力，那是见人、见自己、见天地之后的诚恳与谦卑。懂得感恩，使人高贵！

高　静　静界读书创始人

贾尼丝女士不但提出了"感恩"理念，而且也在实际关系中践行着自己的理念。她用感恩的方式打开了夫妻沟通之门、亲子关系之门、社交往来之门……最终，为自己开启了人生的幸运之门。

《时代周刊》（*Time Magazine*）

如果你喜欢谢丽尔·桑德伯格的《向前一步》（*Lean In*），那么，你就不应该错过贾尼丝·卡普兰的《感恩日记》。

《科克斯书评》（*Kirkus*）

贾尼丝对生活心怀感恩的计划适合我们每一个人。书中以谈话式

口吻鼓舞人心，读她的文字，就如同和一位自己过得好，并且希望你也过得好的好朋友聊天。贾尼丝的方法简单且行之有效，可以轻松地应用在即使是最忙碌的生活方式中。

《出版商周刊》(*Publishers Weekly*)

贾尼丝的研究极富洞察力，且佐以令人信服的调查和积极思考的实用技巧。她用亲身经历告诉读者如何积极地思考，让生活更美满，让人生更幸福。

《美国道路》(*American Way*)

贾尼丝用一年的时间，怀着感恩的心去生活，采访了医生、心理学家、哲学家、艺术家和好莱坞一流的演员，以帮助你感恩生活，并有所回报。

前言
THE GRATITUDE DIARIES

请写下"我对今天心存感激的1件事"

鉴于正在执行一个关于感恩的新项目，三月末的这一天，按理说，我应该是这样度过的：清晨早早醒来，被窗外的阳光照拂，听鸟儿在枝头欢唱，与朋友们欢聚，共唱圣歌。

但实际上，这一天糟透了。但莫名其妙地，我还是看到了几缕阳光。一开始，是我的那辆老沃尔沃打不着火，我试着跨接电缆后仍然启动不了。最后，是邻居开车载我到20分钟车程以外的火车站。到城里后，天开始下雨，风也一刻不停。接着，在我老老实实走人行道时，一辆公交车呼啸而过，它冲过大水坑，溅我一身泥。

"咿呀！"我不禁尖叫出声。

即使路人投来同情的目光，我也不想用这副刚参加完"强悍泥人"

比赛的模样，出席一场对我来说意义重大的会议。幸好的是，我最喜欢的品牌专卖店就在这附近，于是我立马冲进去，快速地挑了一条大胆前卫的印花裙到更衣室换上。

我赶上了那场会议。一进门，我就看出对面的那位 CEO（首席执行官）做了皮肤美黑，脑袋上还喷了大量发胶。在我陈述项目时，他一直忙着低头发短信。待我说完，那位 CEO 才抬头说："嘿，你穿这条裙子看起来很辣。"

要知道，我是在做项目陈述，而不是在婚恋网站上猎艳，听到这样的评价，我本该火冒三丈。但我没有，我对他笑了笑，告诉自己："还好我不需要和一个比我在美发产品上花更多钱的人共事。"

那天晚些时候，我和最好的朋友苏珊一起喝咖啡。苏珊是一个非常忠诚、极其毒舌且坦率到近乎残忍的家伙。

"你一定感觉糟透了。"苏珊说道。

"其实并没有。我一直在努力保持积极的心态。"

"车都报废了，还怎么保持积极？"

我做了一个深呼吸，然后说："那辆车已经为我服务了 14 年，里程数超过 24 万千米。我从来没想过它可以坚持这么久，更重要的是，我得到了好心邻居的帮助。"

"啊，那很好，"苏珊说，"那在人行道上被溅了一身泥呢？"

"看看有趣的一面吧。那个傻瓜 CEO 称赞了我的裙子。能买到一条既划算又好看的新裙子，我很幸运。"

苏珊往咖啡里倒了两包代糖，然后快速搅拌起来。这些年来，我一直跟苏珊抱怨说想要更多钱，而这次我的态度发生了 180 度转变，竟然对拥有的东西心存感激。

"我是你最好的朋友。你怎么骂，怎么抱怨都可以。"

"我不想抱怨。"听到这句话后，我的惊讶程度一点儿不亚于苏珊。"我不能改变已经发生的事情，而改变自己的想法让我感觉很棒。"

闻言，苏珊慢慢地抿了一口咖啡。她本性雄心勃勃而且咄咄逼人。苏珊的事业非常成功，但常常紧张、烦恼，偶尔沮丧。与所有人一样，她每天忙着追求想要的东西，却忘了为已经拥有的东西而快乐。我担心我的积极状态会刺激到她。不过，她只是挑了一下眉毛。

"如果这就是你一直在进行的感恩项目，我想我需要它。我要怎么加入？"

现在，是时候和我最好的朋友分享我的秘密了。我在纸巾靠上的位置写下一个标题：我对今天心存感激的 3 个理由。然后把纸巾推到苏珊面前，同时把笔递给她。

"先回答这个问题。"我对苏珊说。

苏珊盯着纸巾看了很久，一直没有下笔，于是我把纸巾拿了回来，把"3"划掉，改成"1"。

"让我们先从简单的开始。"

几个月前，我就是这么做的。现在，我知道每天写下一件值得感激的事，就足以改变我对其他事情的态度。可以感激的事情太多了，美丽的夕阳、好友的拥抱、树上长出的新芽……而现在，苏珊只需要找出一件。谁会连一件值得感激的事情都找不出来？

目　录
THE GRATITUDE DIARIES

第一部分　　　　　　　　　　　Winter
就从冬季开始感恩，用爱消融冰雪

第二部分　　　　　　　　　　　Spring

春季计划：感恩金钱、事业与我们所拥有的物品

第三部分　　　　　Summer

在夏天练习感恩，让我更健康、更有活力

第四部分　Autumn

在秋季，收获一个随时充电的记忆宝库

感恩日记

The Gratitude Diaries

第一部分

就从冬季开始感恩，
用爱消融冰雪

Winter

第1章

非常感恩，我有机会度过感恩的一年

要感恩生活的念头始于新年夜。在午夜钟声敲响的几分钟前，我在一个派对现场，手拿香槟，挂着僵硬的微笑。

我知道，这时候我"应该"在心里细数一年来自己拥有的一切，但实际上，我却在计算还有几分钟才能离开。因为穿了一天高跟鞋，我的脚正疼得厉害；而一整晚嘈杂的音乐，让我头昏脑胀；身上的那件修身黑色小礼服又真的有点儿小，我迫不及待地想回家脱掉勒在身上的塑身内衣。

房间角落里的电视机正在播放一年一度的跨年晚会，看着画面里的人在加利福尼亚狂欢、在华盛顿大声欢呼、在波士顿纵情舞蹈，突然间，我很想知道，是不是这个国家的每个人都比我更开心。或许，他们只是比我更会伪装吧。

与其被动地等待奇迹发生，不如接受生活馈赠的一切

新年钟声敲响的时候，聚集在时代广场的上万名狂欢者发出巨大的欢呼声。我能理解为什么他们那么渴望午夜的来临：当时的室外气温低达零下 7 摄氏度，而且他们几乎一整天都被圈在金属栅栏里，甚至附近连个卫生间都没有。从各方面来说，新年的钟声都足以让他们如释重负。

水晶球降下，电视屏幕显示出新年第一天的日期，一时间，号角齐鸣，彩纸纷飞。"新年快乐！"我的丈夫罗恩给了我一个浅浅的吻，然后跟我碰了碰杯。

现在，已经没什么好期待了，但似乎大家都不知道接下来该做什么。电视机在重播水晶球落下的那一幕，仿佛这是月球着陆或超级碗比赛里的最后一次触地。我站在吧台附近，看到一位女士正在给自己倒香槟。她的妆花了，眼泪从脸颊滑下。

"你还好吗？"我问她。

"不好，"她边擦眼泪边说，"我讨厌新年夜。为什么要假装所有的事情会因为一个球落地而变得不同呢？午夜并没有带来水晶鞋，我变不成公主。"

我决定不和她讨论午夜灰姑娘的细节，于是匆忙离开了那里。但是她的问题在我脑海里挥之不去。

会有些什么不同呢？毕竟，我们是怀抱着希望和期待在庆祝新年的到来，但也可能正是因为这一点，新年让很多人不舒服。那位女士是对的：生活不会仅仅因为日历翻过一页就变得更好。

客观来说，我知道我过得还不错，我有帅气的老公、两个优秀的儿子、一份有趣的事业及一些亲近的朋友。但是和很多人一样，我常常用消极的眼光看待生活。在过去的 12 个月里，我过得很好，但也没什么事能让我激动到想戴上小丑帽在大街上跳舞。

我试着想象明年这个时候的我。水晶球再次落下时，我会比现在更开心吗？我想象自己在未来几个月里会中乐透奖，或搬去夏威夷生活，或写出一部畅销书。但是这些真的能让我高兴起来吗？我仿佛已经可以听见自己在抱怨奖金税太高，毛伊岛的阳光太毒辣，以及为什么新书只在《纽约时报》畅销榜上待了 6 周。

如果明年像往年一样，那意味着，我会遇到一些好事，也会有一些烦恼。最近，我参与了一项有关感恩的全国性调查，这项调查促使我开始思考正面心态。我发现，我对来年的感觉可能和实际发生了什么没有太大关系，而是与我为每一天的生活注入了什么样的心情、精神和态度有关。重要的不是环境，而是我怎么看待这一切。我可以被动地等待美妙的事情发生，然后吹毛求疵、鸡蛋里挑骨头；我也可以接受生活中发生的一切，然后试着往生活中加多一点感激。

我起身去取外套，又碰上了那位"变不成灰姑娘"的女士。

"祝你今年好运。"我对她说。

"不会的。"她回答。

"或许你可以让它变得更好。顺便一提，你的外套很美。"她正在披上一件棕色羊毛大衣。

"它已经很旧了。我想有件新的。你的外套更好看。"

我原本可以告诉她，我的这件大衣也有些年头了，袖子上还有一块洗不掉的污迹，但是我忍住了。我刚刚才决定要保持积极的心情、态度和精神，不是吗？一时间，我的外套似乎成了我整个生活的象征：如果我拥有它，就应该心怀感激。我不想成为一个不懂感恩的人。

"真是又温暖又舒服啊。"我边这样对自己说，边把手插进了大衣口袋。哎呀，口袋被手指戳了个洞。但现在，不管是口袋里的洞，还是洗不掉的污迹，都阻止不了我变得更开心。如果我计划在下一个新年来到时变得更快乐，那么，从现在起，我就得好好调整心态了。

我计划在接下来的一年，拨开乌云，拥抱灿烂阳光

第二天早上，闹钟还没响我就醒了。温暖的冬日阳光照射在我们这套位于曼哈顿中心区公寓的百叶窗上。几年前，在郊区住了多年之后，我们搬到纽约市中心，我爱家里的大窗户和窗外的河景。我的两个儿子曾开玩笑说，我们在城里找到了一处住起来像在郊区的房子。

天气预报说暴风雪快来了，噢，这个冬天，我们已经经历了足够多的雨雪和寒流了。但是此刻，我纷飞的思绪停了下来，开始专心享受那一抹穿透青灰色天空的冬日暖阳。

我慵懒地窝在被子里凝望天空，厨房传来"乒乒乓乓"的声音。我套上衣服走出去，看到罗恩正在做早餐。我给了罗恩一个吻，道了声早安。

"你会觉得我不懂感恩吗？"我问他。

"你不需要感恩法国面包。"罗恩一边把煎锅上烤好的面包片翻过来，一边说，"我喜欢烤面包。"

"我指的不仅仅是早餐。你觉得我有在感恩……生活吗？"

"喔，生活。"罗恩的视线落在煎锅上，似乎希望可以烹制出一点朴素的智慧，"或许，你对已经拥有的东西还不够感恩。相比那些美好的事物，你似乎更加关注不美好的那一面。"

"从现在起，我要试着更加感恩，"我说，"这是我今年的计划。我想，这样做会让我更快乐，甚至会让我们俩都更快乐。"

"确实值得一试。"罗恩回应道。

事情就这么定了。表完决心，下一步就是实际行动了。

罗恩放下锅铲时，几滴油落在案板上。我正要开口，但马上意识到应该闭嘴。如果我真的想停止抱怨、开始感恩生活，那我最好忽视那几滴油，转而关注香气四溢的肉桂和芬芳的香草。我闭上眼睛，提醒自己是多么幸运：我拥有一位愿意早起为我煎鸡蛋、烤面包的丈夫。虽然当时我更想吃燕麦片，但只有我自己知道这一点就好。

那天下午，我去了趟杂货店。在我推着购物车边走边看时，耳边响起了熟悉的旋律——琼尼·米歇尔的《大黄出租车》。我开始和着悲伤的歌词一起哼唱，歌词大致在说人们往往要等到失去之后才懂得珍惜。一般情况下，冷冻食品区播放的音乐不会对生活产生什么影响，但当时的我听了这首歌就认为，这标志着我正走在正确的道路上。

从鲍勃·迪伦到数乌鸦乐队，曾有好几百位音乐人翻唱过《大黄出租车》，而不论采用哪种音乐风格，它都能拨动听众的心弦。原本，我们都拥有一些非常美好的东西，但是通常，只有等到爱人离去、美好时光流走、鲜花枯萎之后，大家才意识到那曾经的一切是多么珍贵。

人总是这样，不到失去的时候，不知拥有。
——《大黄出租车》

The Gratitude Diaries

当时，拿着一盒哈根达斯巧克力味冰激凌站在冷藏柜前的我，在心里暗暗起誓："我再也不要等到失去之后才痛惜哀悼。我会感恩拥有的一切。"

我计划在接下来的一年，拨开乌云，拥抱灿烂阳光。

感恩能创造内心的富足，伴随你穿越一切顺境和逆境

回家之后，我开始制订这一年的感恩计划。我的本职是记者，于是立马想到把感恩作为研究对象。每个月，我会集中关注一个领域，如丈夫、家庭、朋友、工作，我要成为自己的社会科学家。我想看看，当我对身边的人和事心怀感恩时会发生什么。我不会潦草调查，而是搜集尽可能多的信息，并跟进、记录、报道所见所得。

我会向专家和心理学家咨询，并且阅读哲学家、心理学家及神学家撰写的书籍。罗马哲学家西塞罗说过：感恩不仅是最好的美德，也是其他美德的源头。如果这句话是真的，那么我的新年计划会让我变得更诚实、更有勇气，以及更慷慨吗？

接下来的几天，当我告诉人们我的感恩计划时，他们都朝我会意点头。很多人告诉我，他们也想变得更加感恩，希望能对生活怀抱更美好的憧憬。但我感觉大部分人在这方面做得并不怎么好。

我分别问了好几个人这个问题："当然，你的生活很棒，但是，上周二晚上当你离开办公室的时候，你有多感恩？"他们听完问题后都尴尬地笑了，其中一人甚至问我："你怎么知道我上周二干了什么？"我不是巫师，但我知道，就算我问的是"上周一"，也会唤起他同样不愉快的回忆。

退一步看生活，我们才更容易对拥有的一切心怀感恩。当一头扎

进琐碎的生活，面对气人的客户、粗鲁的老板及孩子学校里的"头虱爆发事件"时，我们就会渐渐迷失自我。

我最近进行的一项由约翰·邓普顿基金会资助的研究，让我明白了这种矛盾。这项研究表明，我们大部分人都掉入了巨大的感恩断层。我们知道应该感恩，但总有些事情阻碍着我们真的这样做。调查发现，94%的美国人认为，感恩生活的人内心更加满足，生活更加充实。但只有不足50%的被调查者表示他们会定期表达感恩。

既然明白有些东西可以让我们更加满足，为什么不努力试试呢？这就像是，尽管大部分人都看到球场中央放着一块神奇的幸福宝石，但竟然有50%的人懒得走过去拾起它。而且，我就是其中一个：始终围着球场奔跑，却从不靠近它。我知道宝石就在那里，它也一直在我脑海里徘徊，但仿佛始终有一道无形的屏障阻碍我走上前去拾起它。

要不是巴纳比·马什在几年前和我聊起感恩，我可能永远不会关注这个话题。巴纳比·马什是约翰·邓普顿基金会的一名高管，我和他初次见面是在一场慈善晚宴上，他坐在我旁边。几个月后，马什邀请我参加一场精致的下午茶会，并探讨基金会资助的几个项目。

当马什提到"感恩"这个词时，我立马抬起头来。相比怨恨、愤怒和生气，"感恩"听起来真的不错。我表示愿意对感恩做更深入的了解，于是建议进行上面所说的感恩研究。下午茶结束时，我的心态已经焕然一新，并已经开始懂得对黄瓜三明治表示感激。

随着调查研究的深入，我很快意识到，感恩不同于快乐，感恩能让人们产生更深的共鸣。当一些美好的事情发生时，大部分人会感到愉快，比如，收到朋友送来的鲜花，或是在公园里度过一个悠闲轻松的下午。但这些时刻也是脆弱和短暂的，单薄的愉快留不下一片云彩。

相反，感恩不依赖于任何具体的事件，所以它是持久的，而且不会被突如其来的变化或逆境影响。感恩需要我们积极地投入情感，切切实实地停下来感受、体验这种情感，而不是被动地"完成它"。感恩能创造内心的富足，伴随我们穿越一切的顺境和逆境。

这些年来，我的事业涉及三个领域：电视、杂志和书籍。我制作网络节目，其中一些有幸受到特别的关注和喜爱；担任当年美国发行量最大的杂志——《大观杂志》（*Parade Magazine*）的主编；撰写了十几部小说，其中有几部登上了畅销榜。

尽管我的履历表越来越光鲜充实，但没有一项成绩足以让我停下来说一句："我终于做到了！"要在工作中取得成功，就意味着不断向前冲。实现一个目标之后，前面还会有另一个在等着你。而感恩的态度与此不同，它教会我们享受此刻，不为接下来要走的路烦恼。

学会欣赏已经拥有的东西并不容易。我们很容易看着别人，羡慕他们是多么幸运，想着"如果我能拥有他们的人生和成功该有多好"。但我们眼中的别人和别人真实的模样往往不太相同。

在过去的十几年里，学术界已经开始关注感恩，并进行了认真的研究。研究结果令人吃惊。一项接一项的结果表示，感恩与更高水平的快乐、更低水平的抑郁和压力息息相关。

《社会与临床心理学杂志》（*Journal of Social and Clinical Psychology*）上的一篇文章在概览了领域内的所有文献之后总结得出：在研究过的所有个性特点中，感恩与心理健康、快乐拥有最紧密的联系，"大约18.5% 的个体快乐差异，可以用他们的感恩程度进行预测"。

看到这个结果，我不禁陷入思考：多 18.5% 的快乐会是多么不一样啊。假设我现在的快乐水平是 76%，那么更加感恩将让我的快乐水平提升到 90% 以上，获得真正 A 等的快乐。

怎么做才可以提高我们的快乐等级呢？多项研究得出了许多一致的结果，其中一项结果是，写感恩日记对快乐很有帮助。研究者发现，每天晚上写下 3 件感恩的事情，可以提升我们的幸福感，降低抑郁风险。同类研究一次又一次地得出了相同的结论。研究结果显示，写感恩日记甚至可以显著提高睡眠质量。

来自加利福尼亚大学戴维斯分校的罗伯特·埃蒙斯博士，就是探讨感恩问题的研究者之一，也是该领域的世界领先专家。埃蒙斯博士的一项研究发现，心存感恩并不需要遇到什么特别的好事，感恩的人会重新解读自己的生活和经历。"相对于关注自己缺乏的东西，他们会确保自己看到所拥有的美好。"埃蒙斯博士告诉我。

重新解读生活的方式多种多样。最近，我和金球奖最佳女演员米歇尔·菲佛共度了一天。米歇尔以美貌闻名世界，还记得她扮演猫女时穿的闪亮黑色套装吗？那天，我代表一份女性杂志采访她，并负责撰写封面故事，所以才敢开口问她关于变老的感觉。

50 多岁的米歇尔风采依旧，但她承认现在常想起当年拥有光滑肌肤和完美身材的岁月。我们一起欣赏了她年轻时的一张照片，那是米歇尔 25 岁时拍摄的。"那时候我的胸部很挺，对吧？"米歇尔看着照片里身穿性感睡裙的自己，挖苦似的笑了。

不过，米歇尔并不嫉妒年轻时的自己。她还记得，在拍摄这部电影时，她一直都在害怕和不安。她很高兴现在自己比当时更加自信了。

> 人生中的每个阶段都有不同的值得感恩的理由。只有当我们欣赏正在拥有的东西时，才能收获生活送来的礼物。
>
> *The Gratitude Diaries*

"我现在很幸福，有美满的家庭和一群好朋友。我爱我的工作，我感到很幸运，也很幸福。我每天起床时都心怀目标，并尽量让自己远离镜子。"米歇尔微笑着说。

米歇尔从直觉出发，用一种美好的方式重新解读了自己的生活，比如，尽量只关注岁月带来的积极影响。这让我意识到，我也可以像米歇尔那样，只集中关注快乐的一面，避开"生活中的皱纹"。

但对我们来说，不论大事小事，只关注美好的一面都是一个挑战，因为生活的一般规则就是负面遮蔽正面，正面隐藏于负面之中。假如某一天发生了 10 件好事和 1 件坏事，吃晚饭时，大部分人只会和伴侣抱怨那件坏事，而不是欣喜于那 10 件好事。

诺贝尔经济学奖得主、心理学家丹尼尔·卡尼曼指出，反复思考哪里出了差错具有进化上的意义。我们的祖先就是通过记住自己遇到过的有毒浆果，并把这些信息告诉亲友，才得以生存下来；相反，和亲友描述 10 种美味的浆果并不会带来多么明显的益处。这条生存法则被我们继承了下来，例如，每位家长都会因为孩子成绩单上的一个 C 而大声斥责，而对其他 4 个 A 视若无睹。

很多研究都佐证了"坏事情比好事情更具有影响力"的理论，只是研究者的解释各不相同。心理学家保罗·罗辛指出，一只蟑螂可使一碗樱桃不再诱人，而一颗樱桃却丝毫不会降低一碗蟑螂的恶心程度。

社交媒体放大了负面评论的影响。你浏览点评网站上的顾客评论时，如果在一大片称赞某家餐厅的煎饼"棒极了"的好评中，发现一条"因为吃到一个坏鸡蛋而生病"的差评，那么你还会在那里吃午餐吗？或者，你在挑选旅馆时，评论者都表示那里有舒适的大床和美丽的海景，但一条评论说客房厕所非常脏，你还会选择它吗？

研究网络评论的心理学家表示，4 条好评才能抵消 1 条差评产生的影响，而有些心理学家则认为需要 5 条好评。到底是 4 ：1 还是 5 ：1，这可能取决于个人的标准，以及评论产生的实际影响。但我从没听过有人说 3 条好评就能抵消 1 条差评所带来的影响（在和伴侣说话时，要切记这一点）。

无论多忙多累，都要专注写一件让你感恩的事

现在，让我们回到感恩日记的话题上来。写感恩日记是因为它可以抵消"坏樱桃"和"蟑螂"对我们大脑的天然吸引力。结束一天的工作回到家以后，想一想让你觉得值得感恩的事情，将引导你想起柔软的大床和美味的水果，即"樱桃"，而不是"蟑螂"。我喜欢"樱桃"讨厌"蟑螂"，而且感恩日记让我得以观察它是如何重新解读我这一天的经历的。需要谨记的是，这些都不会自然发生。

从会握笔开始，我一直坚持写日记，而且和大部分人一样，我会在烦躁、生气或恼火的时候翻开日记本，把这些情绪一股脑写出来。直到现在，我还保存着小学时的日记本，本子上有一把小锁，封面上认真地写着"请勿翻阅"。后来，我开始用在杂货店购买的笔记本写日记。这些笔记本的内页上划好了线条，且被硬壳封面保护着。

几年前，我在一个橱柜背后找到了十几本这样的日记本。那是多么珍贵的回忆啊！我立刻坐下来仔细翻阅，令我惊讶的是，读了许久，

我也没找到当年那个快乐的我，而是看到了一个以自我为中心的悲观女孩在不断地诉说内心的绝望。几乎所有日记都记载着让我生气、愤怒或不满的事情。那些年的快乐回忆都去哪儿了？我真切记得自己曾经拥有许多快乐时光啊！但是，我却不愿意把美好的事情记录下来。

我一边自我伤怀，一边担心其他人读了日记也会产生与我一样的想法。我不想丈夫或孩子们发现这些日记本，然后认为我的人生就是那个样子。该死，我更不想自己也认为我的人生就是那个样子。

我并不是想改写历史，只是，在开始的开始，在第一次写日记的时候，我就没有写对。所以，我把这些满含抱怨的日记本丢到了垃圾场，让这些本子慢慢腐烂，再也不要被人发现。

一本感恩日记应该有完全不同的氛围，而且永远不需要被丢入历史垃圾场，不管那个垃圾场是真实存在的，还是情感虚拟出来的。而且，如果埃蒙斯博士和他的同事是对的，那么写感恩日记就会让我的生活更加美好。我喜欢感恩这个概念，但是作为一名记者，写感恩日记多少让我感觉有一点软弱无力。一本写满感谢美丽夕阳和现磨咖啡香气的日记，听起来就像是尼古拉斯·斯帕克思[1]的小说。

于是，我向朋友莎娜求助。莎娜性格积极乐观，似乎拥有无穷无尽的能量。35岁的莎娜是一位有才华的商业女性和连续创业者，而且已经写了多年感恩日记。

―――――――――――――――

[1]《恋恋笔记本》《瓶中信》的原著作者。——译者注

15

"我很高兴你要这么做。最近，感恩已经完全融入了我的生活！"当我把感恩计划告诉莎娜时，她开心地说道。

每天晚上，莎娜都会翻开日记本，写下一件值得感恩的事。只写一件！不论那天她多忙多累，她总会集中精力写下几行字。莎娜发现，每天晚上写感恩日记的习惯可以改变她对这一天的看法。

在我们交谈时，莎娜拿起一片放了柑橘蜂蜜、无花果和一点奶油的脆脆的烤面包，心怀感激地咬了一口。

"嗯，这就是一个很好的例子，"莎娜一边舔着嘴边的蜂蜜，一边说，"这太好吃了，我想今晚可以把它记在日记里。不过，我今天更有可能写和你见面的这件事。"

"我哪里比得上无花果三明治。"我大笑起来。但我明白她的意思。在把注意力集中在值得感恩的事情上后，莎娜开始用不同的视角看待一切。人类可能天生倾向于关注麻烦和危险，但是莎娜改变了她的本能，开始关注能让自己变得积极正面的事情。当莎娜找不到积极的理由时，她会想办法重新解读这一天。

"我可能一整天都很倒霉，找不出任何值得感恩的事情，"莎娜承认道，"所以，这一天我可能会在日记里写'很高兴今天的雨不太大'，或是'真幸运，我有两只脚'。我在日记里真的写过这样的内容：我很高兴我有两只脚。"

我把丢掉儿时日记本的事情告诉了莎娜，她听了连连点头。莎娜也曾在日记里发泄情绪，用歪扭的字迹书写那些戏剧化的情节，抱怨自己承受了太多痛苦。"你懂的，比如'抬头看到的那片灰暗天空，正反映了我此刻阴郁的内心。'"莎娜说道，然后我俩会意地大笑起来。

莎娜现在的感恩日记比曾经的"阴郁日记"更贴近现实吗？当我提出这个问题时，莎娜微笑着说出了《哈姆雷特》里的名言："世事本无好坏，端看你们怎么去想。"

你不需要成为莎士比亚研究者也能理解《哈姆雷特》的逻辑。当忧郁的王子在第2幕里遇到他的老朋友罗森格兰兹和吉尔登斯顿，并告诉他们丹麦是一座监狱时，老朋友们有点儿惊讶，因为在他们看来，这座宫殿相当不错。

哈姆雷特耸了耸肩表示，事情的好坏依赖个人的感知。父王被杀，鬼魂出现，母亲改嫁，足以让人痛苦无比，但真正决定我们痛苦与否的是我们看待它们的眼光。如果哈姆雷特也写感恩日记，他可能就会意识到自己是多么幸运：生来就是王子，拥有美丽的女友奥菲利亚。人生并没有哈姆雷特想的那么糟糕。

因为某些原因，相比快乐，我们更加相信痛苦。我们着迷于看哈姆雷特绝望地在舞台上徘徊，努力思考生命的价值。"生存还是毁灭"的说法似乎比"老天，我真是个幸运的家伙"更加深刻。但是成就一出伟大戏剧的东西，不一定会成为快乐生活的诗意基础。

"好，我要开始写感恩日记了。"我对莎娜说，"你有什么建议吗？"

"买个漂亮的日记本。"我们拥抱告别时她这样说。

当时，我住在美国康涅狄格州西北部乡村的家里，几天后，我开车到附近的小镇，想在连日的冬季暴风雨之后散散心。我更希望此刻身在风光秀丽的加勒比海岸，但是我选择欣赏结冰的田野里闪着微光的美丽雪花。红色的农舍星星点点地分布在白茫茫的大地上，仿佛一幅油画。

我来到一家钟情许久的画廊，在一家售卖茶叶、茶叶罐和其他创意礼品的店里停下脚步。浏览商品时，我注意到收银台附近有几个彩色日记本。

我想到了莎娜的建议。尽管家里已经有足够多的笔记本，但是如果我想写感恩日记，就需要专门买一个特别的日记本，而不是从礼品袋里随便抽出一个。

我选中了一个以绿色几何图案为封面的笔记本，感觉清新明快。除了积极正面的想法，我不会舍得在里面写上别的东西。

那天晚上睡觉前，我拿出新买的日记本，翻开第一页，开始写："非常感恩……"我觉得有点尴尬，于是停了下来。我开始回想刚刚过完的一天。长久地专注喜爱的事物是个好主意。于是，我决定坚持下去。

"非常感恩……我有机会度过感恩的一年，从写这本日记开始。"我写道。

我继续写下去："尽管我不确定这么做是否有用……"

　　但我还是停了下来。在我的感恩日记里，我不需要比较、抱怨，或是含混不清。我可以只看生活的一个侧面。没有人在给我打分。

　　写完日记，我把日记本放在书桌上一个显眼的位置。

　　专家曾声称，养成一个新习惯只需 21 天，但是，最近伦敦大学进行的一项研究发现，大部分人需要超过 2 个月甚至是 6 个月的时间，才能真正地改变某一行为。我希望在今年的某个时刻，感恩对于我来说已经成为一件完全自然而然的事情。因为从此刻开始，我就要和我的日记开始夜间约会了。

第 2 章

主动表达爱和感恩，让伴侣更加爱你

在制订今年的感恩计划时，我认为第一个需要积极改变的领域就是我的婚姻。从理论上说，有很多理由值得我对家里的一切感恩。我的丈夫帅气、聪明，而且愿意洗碗；我有两个优秀的孩子——扎克和马特；我在康涅狄格州有一栋美丽的乡间小屋。我们都很健康，且彼此相爱。我们一起欢笑，去山上远足，在沙滩欣赏夕阳。我的生活美好到简直可以拍成宣传片。

但我每一天的生活都是如此，所以很难一直保持积极的态度。心理学家把这叫作习惯化。我们会习惯某些东西，比如丈夫、房子或一辆闪亮的新车，然后忘记我们最初为什么觉得他们如此特别。大脑扫描图像显示，我们第十次看到某样东西时的心理变化，会和第一次看到时大不相同。

法国小说家马塞尔·普鲁斯特说过："真正的探索之旅，并不在于发现新的景色，而在于拥有新的眼光。"我意识到，是时候用新的眼光看待那个和我同床共枕、和我说笑、和我拥有联名账户的男人了。

我的第一个念头就是在接下来几天的感恩日记中写一写我的婚姻，每天晚上至少写两个对丈夫感恩的理由。但如果真的想要进一步深化我们夫妻之间的关系，光在日记中表达感激之情还远远不够。

在那项关于感恩的全国性调查中，我们调查过男性对婚姻的看法。

77% 的男性表示，如果妻子可以主动表达爱和情感，他们会非常感恩。

The Gratitude Diaries

男性对爱的渴望大大超越了其他事情，包括丰盛的晚餐、美好的假期，或是不做家务。然而，对我来说，相比告诉丈夫我感谢他，我更擅长做烤鸡。相信我并不是特例。调查发现，只有不足 50% 的女性会定期对丈夫说"谢谢"。

表达感激之情是基本礼貌，但我们很少对最爱的人这样做。调查还发现了一个有趣的现象：约 97% 的受访者表示，他们会对高级餐厅服务生说"谢谢"，58% 的受访者表示他们会对机场工作人员说"谢谢"，但对伴侣说"谢谢"的人少得多，只有 48% 的女性表示她们会对丈夫说"谢谢"。这些数据听起来有些反常，但是我明白其中的缘由。如果一名服务生为我们送来一篮面包，而且清楚记得哪个人点的芝士汉堡需要多加一片培根，那我们就会对他的服务很满意，并准备好感谢他。但我们对伴侣的期待更高，多加一片培根只是个开始。我们期待伴侣成为我们最好的朋友、富有激情的爱人、周末的玩伴、照顾孩子的家长、有趣的约会对象、慢跑的伙伴、忠实的支持者、专业的建议者。噢，还有一条——灵魂伴侣。

所以，当你刚想感谢伴侣为你做了某件事时，会突然联想到他还有一大堆没完成的"任务"。比如，虽然他是你最好的朋友，但作为爱人，他不够富有激情，于是你开始有一点不满意；或是，他确实是很棒的父亲，但你留意到邻居似乎比他赚得更多一些。

不虚伪、不抱怨，感谢原原本本

婚恋与情感专家埃丝特·佩瑞尔曾用挑衅的口吻提问："我们会只想要已经拥有的东西吗？"这是一个价值百万美元的问题。佩瑞尔担心我们会对伴侣提出相互矛盾的要求：我们想要安全感和舒适，还想要兴奋感，想去冒险。我们期待能有一个人同时满足这些一整个村庄的人都不见得能满足的要求。

在佩瑞尔看来，我们一直在向伴侣呼唤："给我安慰，同时让我占上风；给我新鲜感，也跟我更亲密；让我了解你更多，同时让我感到惊喜。"说到底就是两个字：给我。

婚姻给了我们向伴侣提出要求的权利。仿佛结婚之后，我们就不应该不快乐，不应该孤独，不应该为基本的生存危机感到痛苦。而且，不可避免地，如果我们没有感觉自己是世界上最幸福的人，这无疑是我们伴侣的错。

当你期待拥有一切时，就很难对任何事情心怀感恩。所以，我决定先把不可能被满足的期待放到一边，转而感激我拥有的这位丈夫，而不是幻想嫁给了一个兼具布拉德·皮特和比尔·盖茨特质且永远记得把那双沾满污泥的靴子脱在门口的人。

好点子很容易消失不见，所以我把这个计划写了下来。我计划在这个月里，每天至少找两个感激丈夫的理由。不虚伪，也不假装，我会搁置抱怨，放下那些"我调教他"的念头，欣赏那个原原本本的他。相比让丈夫的美德变成生活的背景板，我决定把它们放在舞台中央，看看到底会发生什么。

第二天早上 6 点，我就醒了，一睁眼就看到罗恩正在房间的另一头换衣服——他要上班去了。罗恩是一名医生，工作繁忙。以前，我可能会不太高兴，质问他为什么非要这么早出门，或是干脆闭上眼睛，再争分夺秒地多睡几分钟。而那天，我盯着眼前这位身穿修身灰色长裤、洁白衬衣，打着蓝色丝质领带的男人看了许久。

"你看起来真帅气，"我对他说，声音因为刚睡醒而有些沙哑，"一醒来就能看见有个帅哥在我房间，真好。"

罗恩听到声音后惊讶地转头看我，然后微笑着走过来吻了我一下。"你还没戴上隐形眼镜呢，根本看不清我的样子。"他开玩笑说。

"模模糊糊的你也帅。"我一边说一边用胳膊搂着他。

我们的对话不足 30 秒，而且罗恩在离开家时可能已经忘记我们说过什么了。但这让我能够积极地度过接下来的一整天。表示感恩和被感恩一样让人感觉很棒。

在生活中，每一对夫妻都有不同的分工。从那天开始，我对罗恩平时一直在做但不会特别提起的事情表达感谢，比如算账、修水龙头，以及在午夜派对之后开车送我们回家。

"谢谢你冒着大雪送我回家。"罗恩把车开进车库时，我对他说。

"一直都是我开车啊。"罗恩有些惊讶。

"但我依然想感谢你做的这些，特别是那么晚了，大家都那么累了。我刚刚才意识到自己是多么幸运，每次都有你送我。"

我们没有继续聊下去，但罗恩似乎感受到我们的关系正在发生某种变化。第二天晚上，罗恩感谢我做了一家人的晚餐，尽管一直以来晚餐都是我在做。我耸了耸肩，但是罗恩的赞美依然让我感觉很棒。不论我们做了什么，得到认可都会让人高兴。

刚开始的那些天，我需要有意识地让自己停下来才能想到去感恩罗恩。但随着时间的流逝，涌上心头的阵阵暖意开始自然地一直流淌下去。同时，对罗恩表达感谢让我变得更加积极。这是怎么回事呢？我决定向布兰特·阿特金森博士咨询。

感恩可以重塑大脑，强化爱的本能

阿特金森博士是北伊利诺伊大学婚姻与家庭治疗学系名誉教授，也是伊利诺伊州一家夫妻关系诊所和研究所所长。他表示，有充足的神经学证据表明，我们可以通过刺激大脑，创造出更强大的与伴侣的联结感。通过改变大脑的自动反应，也就是重塑大脑结构，阿特金森博士开发出一种改善夫妻关系的新方法。我问他，是不是我的感恩练习影响了我的神经回路。他激动地回答"是"。

阿特金森博士说："我们发现，只要让大脑重复做同一件事，它就会慢慢地擅长这件事。如果你通过感恩练习创造出积极的精神状态，就相当于在强化神经回路，就可以创造出更多积极的感觉。你可以把感恩当成一种让大脑保持积极的心理练习。"

阿特金森博士向我保证，已经有研究证明，"慈悲静坐"真的可以改变参与情绪反应的大脑区域和回路。慈悲静坐时，人们可以长时间把注意力集中在仁慈和爱的感觉上。

在治疗病人时，阿特金森博士会运用一个类似的技巧，即建议病人每天静坐 5 分钟，细想他们和伴侣共度的快乐时光或在一起时的美好感觉。"研究表明，这些简单的心理练习可以加强大脑中产生联结感的神经回路。"

如果思考可以改变神经回路，我会很乐意坚持思考下去，而且很显然，我确实需要这么做。阿特金森博士把这个过程比喻成是哑铃健身：只做几次，肌肉是不会改变的。但坚持定期做肱二头肌弯举，累积下来的效果就会非常明显。类似的，阿特金森博士发现，伴侣之间的关系每周只在诊所调整一次远远不够。在诊所里，伴侣可能会忽然明白彼此相爱，在那一瞬间，你心里会甜滋滋的，但这种美好的感觉往往撑不到一周就会消失。

阿特金森博士建议，伴侣在家里也可以刺激这些积极的神经回路。但并非人人都愿意这么做。"我们都知道自己是爱伴侣的，但每天专门花 5 分钟关注他们似乎又太浪费了！"他大笑着对我说。

对于那些愿意一试的人来说，阿特金森博士建议每天给伴侣发送一封哪怕只有两句话的邮件。

第一句：我很感谢你最近做的一件事……
第二句：当你……的时候，会让我感觉特别棒，特别美好。

每天早上，阿特金森博士都会给同是婚姻咨询师的妻子莉萨发送这样一封邮件。我很好奇阿特金森博士会在邮件里写什么。他大方地和我分享了当天早上邮件的内容，同时也想以邮件为例告诉我，日常的感谢不需要惊天动地。

邮件里的第一句话是，他感谢莉萨前一天一直跑来跑去处理家里的各种杂事。第二句话是，前一天晚上，当他听到莉萨和女儿一起开怀大笑时，他感觉莉萨特别棒，特别正能量。阿特金森博士很惊讶莉萨可以和女儿相处得这么好，这让他感觉温馨极了。但他为什么不当时就表达感激呢？好吧，当时阿特金森博士正在专心吃饭，然后电话响了，再然后……"表达感激的机会往往就这样被琐事冲走。那就是为什么每天发一封感谢邮件会那么重要。"

我把那天晚上感谢罗恩开车送我们回家，还有第二天他感谢我做饭的事情告诉了博士。

"太棒了！"阿特金森博士说，"当人们互相分享积极的情感时，他们的大脑会同步跟随，显示出同样积极的活动，于是你'爱'的本能将被强化。"

阿特金森博士鼓励我坚持下去，并把这叫作"不懈地感受正能量"。继续表达感激和欣赏会让我的丈夫感觉很好，也会让我感觉很好。许多研究显示，表达感恩的那个人将会获益最大。感恩之心会让给予比获得更加美好。告别的时候，我对阿特金森博士提出的宝贵建议表示感谢。从这次咨询中，我获得的价值远高于它的价格。

有时，你需要停下脚步，换种全新的视角看待生活

我渴望生活变得更加正面，于是向罗恩提议来场周末旅行，希望旅行可以让我们的感情再次升温，能更习惯地向彼此表达感激。通常，罗恩周末都会加班，但这回他接受了我的提议，这让我很高兴。我们已经跨出了一大步。那个周末我刚好要出差去洛杉矶，于是请罗恩到时候搭飞机去和我会合。

我想找一个距离不太远、环境又浪漫的地方，最终，加利福尼亚州的奥海镇成为最佳目的地。这个充满神秘色彩的人间天堂，似乎是练习感恩的好地方。更棒的是，这里有很多美味餐厅。

抵达奥海镇的度假酒店时已经是下午 3：00，但客房还没有准备好，于是我们先到附近闲逛了一下，吃了点小吃。最终确定客房之后，我们发现房间很小，而且就在一楼，窗外就是马路。

"我预订的是安静的观景房。"我对服务生说。

"我们只有这样的房间了。"他这样回答我。

当时是旅游淡季，在酒店周围闲逛时，我们明明只看到稀稀拉拉几位客人。我犹豫了一下。我虽然已经决定在这个周末对遇到的所有事情都心怀感激，但这不意味着我要做个傻瓜。

我快步走到酒店前台，礼貌地告诉工作人员，我们对现在的房间不满意。罗恩紧抿着嘴唇坐在前台附近的沙发里。他不喜欢小题大做，

而且是"将就凑合大师"。等待很长时间之后，我们换到一间视野很好的房间。但我担心某些善意已经溜走了。

晚上入睡前，我想到多年前的那场旅行——我们的上一个假期，当时我正怀着第一个宝宝。在那之后，我们就进入了被婴儿车和尿布围绕的未知世界，过着预算紧张的日子。那次旅行，我们去的是法属加勒比岛。

抵达小岛时，天灰蒙蒙的，但我和罗恩还是去了海滩。我穿着一件像帐篷那么大的孕妇泳衣，狼狈地用毯子裹住自己，静静地看着那些拥有古铜色皮肤、裸着上身的美女在沙滩上漫步。裸上身？对，那是个法属小岛，裸上身很正常。那些美女穿着暴露的比基尼泳裤，像是拥有光滑皮肤、在海里自由穿梭的海豚，而我是一头巨大的鲸。我不禁开始怀疑："我们为什么要来这里？"那天晚上，小岛还下起瓢泼大雨。天堂小岛上的暴风雨。还能遇到比这更糟糕的事情吗？

第二天早上，雨过天晴，阳光灿烂，于是我和罗恩决定开车去兜风，一路的景色非常漂亮。然而，去吃午餐的路上，更糟糕的事情来了。我们眼看着有辆车直冲过来，司机似乎醉得厉害，把车开得飞快，左冲右撞有点失控。公路的右边是陡峭的山崖，所以罗恩尽可能让车靠在左边。突然一声巨响，那辆车撞上了我们。车身扭曲，玻璃飞溅。世界仿佛静止。

我扭过头看到罗恩痛苦扭曲的脸，他的腿上满是鲜血，伤口很深，几乎看得见骨头。我额头也受了伤，鲜血顺着脸颊滴到大腿上。

"我们会死吗？"爬出车外，我们坐在空荡荡的马路上动弹不得。

谢天谢地，我们活下来了。救护车把我们送到当地的医院，一位美丽的法国医生用给死尸缝合时才会用到的粗线给我们缝合伤口。她向我保证，孩子的状况比我和罗恩都要好，他会没事的。

那天晚上，我们住在一间不带卫生间的屋子里，房间的架子上摆满了天主教圣徒的雕像。我不是天主教徒，但依然感觉那些圣徒在向我传递一条信息：第一天踏上这座小岛时，你不懂如何感恩？好吧，那就先经历一场车祸再说。现在，你知道如何感恩了吗？

第三天，我们就坐飞机回家了。为了养伤，我们在罗恩的父母家住了一个星期。我开始觉得，自己能够活下来，而且得到家人的照顾真是太幸运了。这次的遭遇让我学到了一个教训：感恩此刻，因为你永远不知道意外什么时候降临。

> 非常感恩……这个周末罗恩能和我一起度假，而且我们能够情意相通，这些才是真正重要的事。
>
> *The Gratitude Diaries*

回忆完上次旅行，在奥海镇度假酒店的房间里，我打开床头灯，拿出感恩日记本。换房间没有错，但我需要确保这个周末不被消极情绪占据。我想让那些圣徒雕像知道，我可以对真正重要的事情表示感恩。

第二天早上吃早餐时，我跟罗恩互相提醒来度假的目的：保持感恩，向彼此表达感谢。一名女侍者为我端来草本冰茶时，听到了我们的对话。

"你们是来找旋涡的吗？"女侍者问。

"我还不知道这里有旋涡呢。"我回答道。

"你们会找到的。"她边说边眨了眨眼睛。

我们曾经去过亚利桑那州的赛多纳市，那里据说有一个旋涡。旋涡能给所在的区域，提供一种额外的精神力量。当你坐在旋涡旁边的红色岩石上冥想、深呼吸、想获得更多幸福时，有时会意识到这股力量的存在。

在赛多纳市的那次旅行中，当罗恩和我在当地一条有名的小路上散步时，一位身穿短裤、脚踩高跟鞋的女士小跑过来，用浓重的新泽西口音问："你们知道旋涡在哪里吗？我把这里找遍了也没找到。"罗恩向她解释说，旋涡不是一个地方，而是一种感觉。"你是说，你不知道旋涡在哪里？"她皱起鼻子傲慢地说道，然后匆匆离开了。

现在在奥海镇，我们开玩笑说要不一起去找旋涡吧。罗恩同意了。或许，旋涡的力量仅仅因相信而存在。罗恩是优秀的徒步旅行者，方向感极强。他简单看了看地图，找到登山道口之后，我们就下车了。

罗恩阔步向前，但始终和我保持着适当的距离。

我们循着蜿蜒的山道向着大山深处前进。每转过一个弯，就有更令人振奋的景色出现。时不时地，罗恩会体贴地问我是否想折返下山，但景色太美了，我被吸引着一直走下去。到达更高处时，我们甚至感觉自己飘浮在空气中，和宇宙连接了。

"我不知道是因为景色太美还是旋涡的缘故，在这里，我非常感恩。"我停下脚步说。我和罗恩陶醉在眼前的美景中。

"我们很幸运。"罗恩边说边搂住我。我们望着远方，似乎那条山间小道让我们感受到来自宇宙的神秘亲和力。

"回归日常生活、结束一整天的忙碌后，我们需要记得时不时停下来，回味这一刻的感受。"罗恩说。

似乎是因为太沉醉于旋涡带来的美好感觉，我们在不知不觉间错过了回到起点处的路口。

半小时之后，我们来到一条街道。即使是擅长爬山且从来没有迷过路的罗恩，也不得不承认我们迷路了。幸好，街道的另一头站着一个人，于是，罗恩冲过去问如何回到之前停车的位置。

"噢，离那里还很远，挺难找的。"这位名叫约翰的人说，"反正我是出来散步的，我带你们过去吧。"约翰是一位音乐家，为了送孩子去橡树林中学读书，全家搬到了奥海镇。橡树林中学是印度哲学家吉杜·克里希那穆提创办的一所全日制寄宿学校。约翰向我们介绍这位伟大的灵性导师的思想："他说，真理是无路之国。我们无法通过有组织的宗教或教条找到真理，而只能通过建立关系和了解自己的思想。"约翰的原话我记不太清，但差不多就是这个意思。

断断续续地，克里希那穆提在奥海镇生活了60年。这位灵性导师在奥海镇收获了他的第一次精神觉醒。如今，这个小镇依然聚集了许多克里希那穆提的信徒。有些人在感觉必须暂停一下，重新和自己建立联结时，就会到克里希那穆提的故居拜访。

找到车之后，我们不断向约翰表达歉意：给我们带路打乱了他原本的计划。于是我们提议送他回家。约翰表示同意，然后坐进了汽车的前座。从某种意义上说，这是我们建立得最快的一段友谊。

"遇到你们，离开我平时的散步路线，真是一段美好的经历。"约翰说，"就像克里希那穆提说的那样，有时候你需要停下脚步，用全新的眼光看待眼前的一切，而不是像机器一样不断重复。这样，新鲜的空气才能进入你的心灵居所。"

罗恩和我去奥海镇不是为了冥想或拜访灵性导师，但确实是为了停下脚步、换一种全新的视角看待生活，一种感恩的视角。我知道，那就是心灵需要的新鲜空气。

回到酒店时已经是傍晚，罗恩和我在庭院里等待奥海镇著名的"粉红时刻"。奥海镇四周环山，夕阳西下时，因为阳光的反射，海拔1 800多米的托帕托帕山上空，会变成美丽的粉红色。庭院里聚集了十几位游客，大家一起等待美好时刻的到来。我们看着夕阳一点点落下，最后完全被山脉遮住。天空没有变成粉红色，而是单纯地暗淡下去。

"真是美丽的'灰色时刻'啊。"罗恩在我耳边轻声说道，我不禁大笑起来。其他游客看起来有点生气，可能是因为粉色晚霞爽了约，也可能是因为我和罗恩竟然一点儿也不懊恼，或者二者兼具。

在回房间的路上我想到，如果不是因为怀着感恩之心，我可能认为今天糟糕透顶。我们在徒步时迷了路，也没看到粉色晚霞。虽然我并没有对这个周末抱有不切实际的幻想，但这里真的和我想象的浪漫仙境不太一样。

也或许，这就是我学到的最好的一课。我不能改变这一天的遭遇，不能把它变成完美假期，但依然可以感恩获得的一切。我很高兴遇到了约翰，很开心有罗恩陪我一起欢笑。心怀感恩，我们在一起的时刻会比以前更加快乐。这个寻找旋涡的周末真是不虚此行。

幸福婚姻的秘密：接纳对方原本的样子

旅行回家之后的一天下午，我约朋友梅格出来喝咖啡。几年前，梅格开始自己创业。那天，当她穿着时髦的羊绒裹身裙和麂皮高跟靴子昂首阔步地走进星巴克时，我马上看出她不太高兴。

梅格一坐定就开始抱怨自己的丈夫，比如，他们最近因为钱大吵了一架；比如，丈夫擅自取消了佛罗里达的度假；比如，梅格认为他们再也没法愉快相处。

梅格非常厌烦和沮丧，不知道怎么改善与丈夫的关系。"我甚至不确定我想不想花心思改善这段关系。"梅格小声说道。

梅格看着我，似乎在等我加入诉苦的行列。但这一次，我没什么可抱怨的。通过相关研究，我已经知道具体的事件不及你的想法重要。当我心怀感恩时，会觉得罗恩爬上高梯修理屋顶的行为特别勇敢，帮了大忙，但如果我并不心怀感恩，就会觉得他这样做实在太危险了，简直给人添乱。

我告诉梅格，感恩已经开始在我的婚姻中产生奇妙的作用，或许她也应该试一试。感恩真的可以强化我们大脑里积极的神经回路，让伴侣更加快乐。

"需要做的事情很简单，不过也很神奇。"我兴致勃勃地对她说。我推荐梅格做三件事，到目前为止，似乎正是它们让我的生活更加美好。它们分别是：

- 💟 每天至少找到一件值得感恩的事；
- 💟 关注生活中积极的一面而非问题；
- 💟 告诉伴侣你感谢他的原因。

梅格用看疯子一样的眼神看着我说："我丈夫确实需要感谢我，我可不需要感谢他。""双方都要这样做。如果你先表达感谢，他自然也会报以感谢。"我向她保证。

"我才不要称赞他做的事情呢。他已经够自大了。我需要在这段关系里保留一点权力。"梅格看着我说，眼神仿佛在发出警告，"你可能犯了一个大错。"

梅格的回答让我惊讶。当然，每一段关系都存在力量的平衡，不过，感恩既没有把我变成一名艺妓，也没有把我变成斯戴佛小镇中千依百顺的"复制娇妻"。感谢我的丈夫没有剥夺我伸张男女平等的权利。收到我的感谢后，罗恩也向我表达了感谢，而且他得到的感谢越多，表达得也越多。

在感恩这件事上，谁先开始并不重要，因为表达感恩的那个人立刻就能获益良多。所以，我可以完全出于让自己更快乐的目的先对罗恩表达感恩，当然，这么做会进一步改善我们的关系。

但每段婚姻都各不相同，我想知道梅格所说的那种情况是否存在。其他男性是否会"利用"妻子的感谢和善意呢？"是的，宝贝，拥有我你很幸运。所以今晚我打算去酒吧喝个痛快。"我理解为什么有些人会害怕这份感谢被曲解。

我向阿特金森博士咨询了这个问题，他听了之后咯咯笑了起来："处在良性关系中的人，不会担心另一方变得骄傲自大。你只管往婚姻中输入积极的能量，只是在必要的时候稍微教训一下对方即可。"

阿特金森博士告诉我，他把最好的关系想成是"时而雷雨交加，时而阳光灿烂，而不是一成不变的阴天"。我喜欢这种婚姻观。你可以坚强、自信，也可以感恩、深情。但如果你往感情里掺水，把它们稀释掉，最终只会得到一团黏糊糊的"四不像"。

许多婚姻是靠双方不断清除这样的"四不像"才得以长久维持。研究者鲍勃·埃蒙斯曾警告过我，人们有时候会逃避感谢伴侣，因为他们不想有亏欠对方的感觉。"在一段长期关系中，担心亏欠对方可能会让双方都很不舒服。"鲍勃说。

记感情账在婚姻中是行不通的。感谢伴侣在回家路上买了牛奶并不意味着你需要马上为他做一杯奶昔，但如果你不对他表示感谢，他再次主动买牛奶的概率就会变小。多年前，我的一位朋友告诉我，只要她的丈夫外出采购食品杂货（她不喜欢做这件事），她都会热情地感谢他，而且从来不提任何异议。

"比如虽然我喜欢粗粒花生酱，即使他买了口感细滑的花生酱，我也不会说出来。我会把他买的那些花生酱放在橱柜最里面的位置，然后高高兴兴地看着厨房魔法般地变成食品杂货店。而你永远不要批评魔法！"

这是很棒的建议，许多人忘了要关注婚姻中的魔法，因为关注哪里出了错更容易。相比对你的伴侣心怀感恩，你更倾向于提升他、改进他，甚至改造他。你可能会认为街对面的那个男人比你的伴侣更擅长采购花生酱。即使对伴侣非常满意，你可能还是会忍不住想知道，如果当初没和初恋男友分手，或是再给当初那个经常在你 Facebook 上写下有趣留言的仰慕者一个机会，生活又会变成什么模样。

物理学的弦理论中有个概念：世界上存在大量平行宇宙，上演着万事万物的每种可能性。不论这个理论是真是假，我们都会和那个隐藏的自己携手走过人生的风风雨雨，但我们能够确知的只有当下的这个人生。

我一直很喜欢米兰·昆德拉的小说《不能承受的生命之轻》。书中的这句话被我在多年前用黄色记号笔画了出来："人的生命只有一次，我们既不能把它与我们前世相比较，也无法使其在后世完美度过……我们经历着生活中突然临头的一切，毫无防备，就像演员进入初排。"对于我没有选择和不会选择的人生，我无能为力，但我可以努力给现在的这段人生加上重量，注入意义和满足。

在旅行结束后保持积极和互相联结的状态，要比旅行中更难一些。很多患者等着罗恩，他对患者也有很强的责任心，所以，他没有太多时间感谢生活中的点点滴滴。

我很钦佩罗恩，他聪明，富有同情心，是一位优秀的医生。他愿意陪患者聊天，可以深刻洞悉他们的需求。罗恩的同事很欣赏他，他的患者也很爱他。但这些年来我一直在抱怨说，如果想更经常见到他，我或许应该变成他的患者而不是妻子。

几个星期后的一天，我们原本计划共进晚餐，然后去看音乐剧，但罗恩的一名患者推迟了看诊时间，于是我被放鸽子了。罗恩溜出去接诊所的电话时，晚餐正在上沙拉。好吧，我得接受现实，这些都不会改变。但我可以运用新的感恩工具，用另一种视角去解读它。独自一个人看音乐剧并不是生命中最糟糕的事情，毕竟我依然看到了百老汇的音乐剧，而罗恩遗憾地错过了。换个角度看问题，此时此刻的我，就可以创造出属于自己的平行宇宙。

越来越多的婚姻问题治疗师开始推荐一种"关注美好"的方法，这种方法可以磨掉大部分美满婚姻中的棱角，或帮助陷入危机的夫妻改善关系。利兹和迪克是我们的朋友，他们刚刚度过婚姻中的动荡期。我和罗恩约他们一起吃饭、聊天之后，我对陷入危机的夫妻如何用"关注美好"的方法改善关系有了更深刻的了解。

利兹和迪克看上去非常般配，他们有魅力、性感，而且幽默有趣。但当利兹发现迪克在被她赶出家门后一直在外面流浪时，她吓坏了。我并没有夸张，真实情况就像我说的那样。利兹把迪克的衣服丢进一个垃圾袋，扔到了家门口的草坪上，尽管迪克一直对利兹说他爱她。后来，他们分居了整整一年。在那段时间里，他们常常哭泣，也各自进行了反思，最终他们还是回到了同一个屋檐下，共枕而眠。我和罗恩非常高兴，他们为改善关系付出的努力和真挚的爱终于获得了回报。

罗恩向他们介绍了我正在进行的感恩计划，还开玩笑说他很高兴我只打算实行一年。

"到目前为止，这个计划让我感觉很好，但我不知道自己还值得获得多少感谢。"罗恩大笑着说。

"别挑剔了，"迪克热情地说，"每段婚姻都需要感谢。"

现在，迪克和利兹每月会和一名婚姻问题治疗师约见两次，每次会面都是以感恩的话题开头。

"打个电话给她吧。"利兹向我热情推荐了这名治疗师。

于是，第二天我坐在了两性婚姻顾问西尔维娅·罗森菲尔德的会谈室里。她告诉我，那些来找她咨询的夫妻常会气冲冲地走进会谈室，准备好把心里的沮丧和夫妻矛盾一股脑全倒出来。但西尔维娅不会老老实实聆听他们的抱怨，而是会让咨询者先告诉她一件自己想感谢伴侣的某件事。当他们退后一步，看到婚姻的全景时，会谈室里的氛围一般都会改变。"总会有些事情是值得感谢的，即使只是给你冲了一杯咖啡。"西尔维娅说道。

和阿特金森博士一样，西尔维娅认为，我们应该让感恩时刻走进日常生活："试试在家也这样做！"夫妻一般都会很擅长批评对方。我们知道彼此的软肋，而且通常喜欢当面指出来。但维系婚姻的秘密法则之一是接纳。"接纳并不是指不要求对方做出任何改变，而是接受他原本的样子。在和另一半谈论不怎么愉快的话题之前，先向他表达感谢吧。"西尔维娅建议道。

很快，我就获得了一个练习新技能的机会。当天晚上是罗恩当值。我们刚刚睡着的时候，他的手机就响了。罗恩马上起身到另一个房间接电话。几分钟后，他走回卧室，借着衣橱灯的昏暗光线开始换衣服。罗恩可能希望我没有醒过来，这样我就不会因为他的离开而生气了。

"怎么了？"我问罗恩。

"急诊室有位患者需要我，我得去看看。"

我做了一个深呼吸。多年来，频繁的长时间当值是我和罗恩关系变得紧张的重要原因。以前，遇到这种状况我都会数落他："都几点了还要往急诊室跑，你是疯了吗？！医院里肯定有其他医生可以管那个病人。"我的生气只会让罗恩心烦意乱地离开。

噢，该死！我不能重复以前的模式。"换个角度，"我对自己说，"找找感恩的理由。"是的，我的丈夫对工作过于投入了，他把患者的需求看得比自己更重要。但我不是应该感恩我的丈夫是如此善良、如此富有同情心吗？过于奉献并不是世界上最糟糕的事情。

我躺在床上，试着从新角度看待现在的情况。

一位患者正惊恐地躺在病床上，而我的丈夫要去照顾她。我想象着，当这位患者看到罗恩出现时，她肯定会松一口气。我想着，自己是多么幸运，能安全、健康地躺在家里舒适的大床上，而且拥有一位这么愿意帮助别人的丈夫。

我从床上爬起来，走到罗恩身边。他看起来很紧张，他不喜欢正面冲突，但这次我没有生气。我抚摸着他的肩膀，给了他一个吻。

"刚才我在想，你的患者多幸运啊，遇到你这样的主治医生。如果她知道你正赶去医院，一定会感觉好多了。这个世界需要更多像你这样的医生。谢谢你这么特别。"

罗恩惊讶极了，那表情仿佛是看到我刚刚表演了一段脱衣舞。但他及时回过神来对我说："谢谢你。听到你这么说，我真的很开心。"

"真抱歉，这么晚了你还要出门。"

"我也很抱歉，"罗恩承认道，"我会尽量早点回来。"

事情就是这样。深夜出诊并不一定会让世界地动山摇，反而让我们收获了短暂的甜蜜时光。

钻回被窝之后，我想起了最近读到的希腊哲学家的故事。两千年前，古罗马著名哲学家爱比克泰德创立了一种哲学，主要思想是我们要认识到我们无法控制生活中的每一件事。爱比克泰德的学生把他的思想整理成书，即著名的《爱比克泰德论说集》。这部书阐述了爱比克泰德的一个思想：幸福生活的关键就是明白我们只能控制自己和自己的反应。人们不是因为某些事件而不安，而是因为自己对这些事件的看法而烦恼。

几千年后，这个逻辑依然成立。罗恩被叫去医院这件事我无法改变，但相比把它看成一个问题，我可以换一个感恩的视角，这样就会得出完全不同的结果。

现在，我拥着棉被，希望罗恩就在身边。但我也可以看得长远一些，知道他很快就会回来。这种感恩精神不仅帮助我们安然度过了今夜，也似乎在以微妙的方式改变我们婚姻的方方面面。

我更经常地对罗恩说"谢谢"。我会关注事情的积极面而非问题。我告诉罗恩为什么我要感谢他。这些事情似乎很简单，但为什么以前的我从来没试过呢？罗恩本能地给予了我善意的回应，而且我们之间的温暖感觉越发强烈。

真是美好的一个月，感恩让我和罗恩越来越快乐。

第 3 章

感恩，最深情的教养

转换视角，心怀感恩，给我的婚姻带来了巨大改变，所以我决定把这种方法延伸到其他家庭成员身上。首先被列入计划的就是我的两个儿子——扎克和马特。

研究人类基因组的科学家至今没有找到与感恩相对应的基因，虽然他们可能压根就没找。快乐、积极的父母似乎可以把这些特质传递给孩子，然后，当这些孩子成为父母之后，也会养成类似的习惯。不论是后天习得还是先天遗传，感恩之心会在家庭成员间传递。虽然在感谢孩子这方面做得还不错，但我准备继续完善。

机会来得比预想的快：我的小儿子马特打电话告诉我，他要回家住几天。我很高兴，没有什么比和儿子在一起更能让我高兴的了。但我也意识到，父母常常因为想要"指导"孩子而忘了享受团聚的时光。

　　马特到家后，我像往常那样久久地拥抱他。松开手之后，我退后一步，仔细看了看他，然后说："你看起来真帅气。"马特身高超过180厘米，拥有宽阔的肩膀和迷人的笑容，每次看到他闪亮的眼睛，我都感觉自己要被融化了。

　　听了我的话，马特先仔细观察了一下我的表情，然后露出可爱的微笑，说道："你觉得我的头发太长了，对不对？"

　　"我可没这么说！"我抗议道。

　　"我注意到你在往我头顶看，还露出了那种表情。"马特说道。

　　"被你发现了。"我大笑着说，马特也跟着笑了起来。马特具有很强的同理心，且感觉敏锐，情商超级高。他能够读懂我的每一个表情，所以我表达的任何情感都必须是真实的。

　　"我不能在觉得你很帅的同时认为你需要剪头发吗？"我反问道。我想这就是关键。

　　欣赏我的儿子，并不意味着虚假地奉承，或是赞同他的每一个选择，而是承认他拥有选择的权利，并坦诚表达我的个人看法——希望他去剪头发。

　　母亲们总是时刻惦念着孩子的需求，想搞清楚自己能做点什么。

　　💌　你需要新袜子吗？

　　💌　我可以帮你修改那篇文章。

45

💌 你给去年夏天和你一起打工的朋友打电话了吗？

💌 让我往你的麦片里再倒点牛奶。

这些举动都源于爱，却让我们和孩子非常疲惫。我决定做一些改变。在马特回家的这几天，我决定袖手旁观，只是远远看着这位充满魅力、有趣、聪明、帅气的年轻人在房间里转来转去。我细数着自己拥有的一切，而不去留意马特在电视机前越摆越高的盘子。通常，在父母看来"有帮助的建议"在孩子听来却像是批评，我想改变这个模式。

随着我越来越少地提出"建议"，马特在我身边的时候也越来越放松。他非常聪明，更何况我们的关系一直都很好。

有一天，马特在跟我分享他和他前女友的故事时，突然停下来，咧着嘴对我笑。"老妈，我应该和你说这些事吗？"马特问道。

"很感谢你愿意告诉我这些事，我不会提任何建议，但我想让你知道，我永远站在你这边。"

接着，马特讲完了他的故事。他探过身来说："老妈，谢谢你一直支持我。真幸运能够拥有你和老爸。"

"幸运的是我们。"

欣赏孩子原本的样子应该是一件自然且显而易见的事，但令人惊讶的是，大多数家长在这方面的表现都非常糟糕。不管哪个年龄段的孩子都希望获得父母的认可，对他们来说，这是很棒的礼物。

无条件欣赏、接纳孩子是良好沟通的开始

马特回学校之后，我和朋友杰丝相约一起吃饭。杰丝是一名40多岁的母亲，她喜欢称自己为"改革律师"。当年，杰丝为了照顾孩子辞去了大公司的光鲜工作，是我认识的人中做志愿工作最多的一位。

吃饭时，我跟杰丝聊起了和马特共度的那个愉快周末，这让杰丝想起了自己的女儿。杰丝的女儿正在念大学二年级，主修艺术史。杰丝不喜欢女儿的专业，也不喜欢她正在交往的那个西班牙小伙儿。在杰丝想全面了解女儿生活的同时，19岁的女儿却越来越沉默，也越来越少给家里打电话。

"如果我知道你一开口就会批评我，我也不愿意跟你打电话。"我耸了耸肩，对杰丝说。

"那都是建设性批评。"杰丝反驳道。

"你觉得你在提出建设性的意见，但你的女儿会觉得这是否定和批评。你或许可以试着只给出肯定和正面的反馈。"

杰丝茫然地看了我一会儿，然后好像恍然大悟。之前，当我告诉她接下来的一年我要心怀感恩地生活时，她曾表示支持，甚至自己也开始写感恩日记。不过，她没想到，同样的方法也可以改善她和女儿的关系。

"你有没有什么建议？"杰丝问道。

"你可以给她发条短信，简单写些会让人精神振奋、心情愉快的话，让她知道你很感谢拥有她这个女儿。"

"你也给你儿子发了？"杰丝小心翼翼地问。

"是的。"我承认道。

我告诉杰丝，虽然当她没有女儿的消息时会想念女儿，想知道她过得怎么样，但当她和女儿通电话时，她的爱听起来更像是愤怒。就像我了解到的那样，真正的问题不是事件本身，而是杰丝对这件事的回应。杰丝真正想向女儿传递的信息是："你是我这辈子得到的最棒的礼物！你能够出现在我的生命里，真是太值得感恩了！"

杰丝把她的手机递给我说："你是作家，你教教我该怎么写？"

"你不需要写一篇传世佳作——就算不是伟大诗人济慈，你也能让她知道你感恩拥有她这个女儿。诚实地表达你的想法就好。"

我快速输入："祝你周末愉快。这里一切都好，我想你了，真想抱抱你。"

"不错呢。"杰丝一边读，一边说。

"你可以按照自己的想法修改。大概就是这个意思。"

杰丝按下了"发送"键，然后就这么盯着手机屏幕。

我对杰丝说："感恩之心不需要立刻收到回复，这么做是为了她，同样也是为了你自己。"

第二天，杰丝告诉我，女儿下午要参加一场工作面试，她在考虑是否应该提供一些着装建议。我提出反对，因为在我听来，那就像是为了和女儿联系而专门找的借口。

"实际上，你只是想让她知道你在为她加油。"我说，"或许，你可以这样说：'祝你面试顺利。我觉得你是最棒的，而且我打赌，面试官也会这样想。'"不到 5 分钟，杰丝就高兴地告诉我，女儿回复她了："妈妈，谢谢你！晚点儿我再打给你告诉你面试的情况。"

这只是我们取得的一个小小胜利，但它证明：人类本能地想与无条件欣赏自己、接纳自己的人相处。

"她甚至说了谢谢！"杰丝雀跃地说。

从已经有一定年纪的孩子口中听到"谢谢"真的很少见，也真的很美好。细细品味这份感谢是对的，但家长们可不要期待它会经常发生。前面提到的感恩调查发现，18 ~ 24 岁的年轻人比其他年龄段的人更少表达感恩，不足 1/3 的人会定期表达感谢（35 岁以上的受调查者中，超过 1/2 的人会这样做），而且他们更有可能是出于个人利益而表达感谢，比如用谢谢换取他人的好感等。

我曾在一场派对上结识一群充满活力的职场妈妈，她们让我意识到，对更小的孩子来说，感恩同样是个问题。这些母亲的孩子大多只有十几岁，当听说我将在接下来的一年探索感恩问题时，她们中有好多人精神为之一振。

"我迫不及待地想读你的书了，因为我家有个全世界最不懂感恩的孩子！"一位母亲说道。闻此，其他母亲纷纷发声，想帮自家孩子争夺"最不懂感恩"头衔。有位母亲说，去年夏天，她送15岁的儿子去参加一个收费昂贵的计算机夏令营，并建议儿子每周跟家里打几次电话以示感谢。儿子听了之后似乎很困惑，他说："妈妈，我要感谢你什么？送孩子去夏令营难道不是家长应该做的事情吗？"

听了这个故事，家长们像约好了似的不禁叹息。有位母亲会定期开车送玩曲棍球的女儿到很远的城镇参加比赛，她说她不介意接送女儿，但希望女儿能对此心怀感谢。而那位年轻的曲棍球守门员却表示："我还是个孩子，不会开车，所以你得载我去。"

这种情况可部分归因为我们的大脑结构。如果你的孩子常常看起来"身在福中不知福"，那是因为他们确实不知道。他们怎么会知道？他们的大脑并不关注这个。神经科学家指出，大脑中不同区域的发育速度会有所不同，如掌管理性和执行控制的前额叶皮质就发育得很慢。儿童和青少年时期是大脑神经发育尚不成熟时的产物。成年人需要运用发育更加完全的前额叶皮层为孩子提供建议。

感恩会让孩子变得乐观并舒缓内心的焦虑

我致电加州大学伯克利分校的社会学家克里斯蒂娜·卡特进行咨询。卡特教授也是一位家庭幸福咨询师。解答客人疑惑时，卡特教授常会建议他们制定一个感恩仪式。例如，吃晚餐时，每位家庭成员都真诚表达自己的感恩之情，或是在睡前分享当天发生的 3 件美好的事。"感恩会让孩子变得乐观，有助于舒缓他们内心的焦虑。"卡特教授说。

最近，卡特教授组建了新家庭，加上继子女，她家现在有 4 个年龄 11 岁到 14 岁不等的孩子。卡特教授家的感恩仪式已经进行多年。"你不会希望感恩变成一桩苦差事。"卡特教授说。当卡特教授在外出差或孩子们不在家时，她往往会请大家用短信的形式表达感恩之情。

卡特教授的邻居听说感恩仪式后也开始效仿，不过她的儿子很害羞，不好意思当面表达感恩之情，所以他们会在每天晚餐前，在纸上写下自己感恩的事情，然后统一放进盒子。

我问卡特教授，她的孩子有没有反对过这种教育方式。"感恩伴随着孩子们一路成长，所以他们不会像别的孩子那样认为自己理应得到爱和照顾。"她的话让我想起了派对上的那些母亲。

卡特教授说："孩子不想成为他人操控的玩偶，家长的控制欲越强，越想帮孩子规划人生，孩子就越容易忘记自己是谁，以及想要什么。"

这让我想到"千禧一代"。当我在进行由约翰·邓普顿基金会资助的研究时，曾举办过感恩座谈会。很多专家、职场父母和全职妈妈参与了座谈会，热烈讨论了感恩这一话题。

有人坦言自己以前从没认真思考过感恩，但这场座谈会后他们会对自己的生活感恩更多。"这个下午改变了我的生命！"一位女士在座谈会结束后给我发送了这样的邮件。

"千禧一代"参加的感恩座谈会的状况则完全不同。这些20岁出头、正在上大学或刚开始工作的孩子还无法客观认识自己，很多孩子甚至厌恶感恩。

"我讨厌那种我欠了你什么的感觉。"生活在科罗拉多州博尔德市的22岁的格雷格说，"我不喜欢收礼物，或是受到友好对待，它们会让我觉得尴尬。"

不少年轻人赞同格雷格的说法。他们明确表示，实际上，他们并不认为自己对父母负有责任和义务。当一位年轻女士被问及是否感激自己的家人时，她皱起鼻子说："我可能会感激熟食店的店员，但我的父母只是在遵从人的天性，毕竟连大猩猩都知道照顾自己的孩子。"

啊，是的，他们把父母比作大猩猩。如果我们的举动是生物必然性，孩子们又为什么要说"谢谢"呢？孩子的生物必然性之一就是独立生活，而感恩和独立似乎是对立的。虽然座谈会上的年轻人目前还需要父母的帮助，但他们想假装自己不需要。格雷格自己也承认说，当他付不起租金时，父亲会帮他垫付。"但我不喜欢他这么做，我之所以搬出去住就是想靠自己生活。我拿了他的钱，心里却愤愤不平。"格雷格说。

一位名叫埃玛的年轻女士与格雷格"同病相怜"。她刚从马萨诸塞州西部的一所大学毕业，在一家公司实习，她的房租也是父母支付。

"那是一种难以诉说的感觉。所有的感恩之情都被'我得依靠他们'的内疚和烦恼掩盖了。相比感恩，我更多的是觉得内疚。"

这些年轻人似乎都拥有模范父母：慷慨，渴望给予刚毕业的孩子支持，帮他们打开局面。但这些孩子非但不感激父母，而且甚至是心不甘情不愿地接过了父母的钱和其他帮助。令人惊讶的是，在内心深处，这些孩子会感恩父母的帮助，但同时他们也非常懊恼，懊恼自己还不能独当一面。于是，就像埃玛说的，内疚超越了感恩。

"这是控制执行的问题。我明明想独立完成，并没有寄希望于他人的支援。"格雷格说。

阿基勒的故事清晰反映了这些矛盾和困惑。阿基勒身材纤瘦，一头黑发，今年18岁。最近，他获得了一所大学的全额奖学金，除了学费和奖学金，学校还给他安排了很棒的宿舍，并送给他一台笔记本电脑。即便是最糊涂的"千禧一代"，也该对一年5万美元的礼物感到感恩了。但阿基勒并不这样想。他告诉我们，他真正的梦想是去杜克大学念书。在那里，他可以交到很酷的朋友，观看精彩的篮球赛。尽管阿基勒已经接受了那所大学的奖学金，知道自己会在那里学到很多东西，但他每天都在自我谴责。

"我很感恩自己获得了这笔奖学金以及其他东西，但也讨厌这一切，因为我想要的不是它们。"他难过地说。

你能对一个讨厌公费上大学的孩子说什么呢？这些年轻人得到了

很多礼物和善意，但却不感激这一切。是他们忘恩负义吗？我不觉得。他们就是典型的大学生，一方面清楚地知道自己很幸运，一方面依然会任性地喊："我想自己来！"

他们不太可能直白地向父母表达感恩，但也会为此不安，进而想要某些东西来平衡、缓解它们。埃玛告诉大家，她向父母表达感恩的方式就是"做到最好"。

"妈妈告诉我，她在产房里待了 24 小时才生下我。他们供我念大学，所以我要做个好孩子，为他们做一些对我来说同样艰难的事情，这样才算回报他们。"埃玛快活地说。

"同样艰难的事情？"什么样的事情？

埃玛想了一会儿。"噢，我知道了！"她扬扬得意地说，"有时候我会坐在那里，听母亲发 40 分钟牢骚，抱怨动物们把蔬菜园里的蔬菜嚼坏了。我知道这是小事，但相信我，我一点儿也不享受！"

就是这样。埃玛认为，陪母亲聊花栗鼠是一场公平的交易，完美回馈了父母的付出，表达了自己的感恩之情。这让我想起了第十一届美国桂冠诗人比利·柯林斯，他在诗作中回忆起小时候在夏令营里为母亲制作的那条挂绳。"她赐我生命 / 喂我奶水 / 而我送给她一条挂绳……"柯林斯同时对自己的幼稚信念感到惊奇："无聊时编织的一文不值的东西 / 我却认为它足以让我们平等。"

相信读这首诗时，你也会嘴角扬起微笑，不是嘲讽诗的内容牵强附会，而是因为我们都对这些文字有真切体会。耶鲁大学校长彼得·沙洛维曾在毕业演讲中完整地引用这首诗，并指出："时时澎湃的感恩之情提醒我们：人生并非尽在掌握，我们随时可能背上债务或需要帮助，我们其实很脆弱。"

没人想遭遇财务危机，或是被脆弱、失控的情绪俘虏。沙洛维校长继续说："如果不能打破'完全自力更生'的执念，我们就不会收获幸福。只有以开放的态度接受他人的帮助，并报之以感谢，我们才能过上美好的生活。"

教养懂得感激的孩子：明白别人的付出并非义务

培养感恩之心的最佳方式是什么？如何让孩子看到生命的宏伟图景，让他们明白参加夏令营或拿到大学学费并非他们的基本权利？如何让他们意识到我们的生命彼此相依，而他们比想象中更加幸运？

我曾经代表杂志采访过演员马特·达蒙，与他讨论过这个话题。第一次见面时，达蒙告诉我，他的母亲是波士顿的一名教师。在他小时候，母亲在冰箱上贴了一张便条，上面是圣雄甘地的名言：无论你做了多么微不足道的事，都因为你做了它而变得重要。

"在成长过程中，我一直被教导应该与他人分享自己的东西，我希望我的孩子也能理解这一点。"达蒙说。小时候，达蒙每星期的零花钱是 5 美元，他会把这些钱的大部分存起来，然后捐给母亲支持的社会公益项目。

达蒙告诉我，他曾为了了解全球贫困状况而环球旅行。

达蒙说："20 多岁时全情专注于事业，这没问题，但现在，我的事业已经稳定，又组建了家庭，我希望我的孩子知道，他们的父亲在镜头外拥有更广阔的世界。"

为了提高公众对难民问题的重视，达蒙曾访问非洲。后来，英国广播公司的某位有些自以为是的记者质问他，像他那样的名人是否真的会对世界产生影响。

"在直播采访中，我们就津巴布韦问题聊了 15 分钟。"达蒙大笑着告诉我，"我对那位记者说，'如果今天不是访问我，你会和任何人探讨这个话题吗？'"

几年之后，达蒙去南非拍摄克林特·伊斯特伍德执导的电影《成事在人》。达蒙扮演一位白人橄榄球明星，帮助纳尔逊·曼德拉让刚摆脱种族隔离制度不久而面临分裂危机的南非再次团结一致。当时，达蒙的家人一起在南非度假。达蒙想带着他 10 岁的大女儿亚历克西娅一起去约翰内斯堡的贫困乡镇旅行。他问电影中的另一位主演摩根·弗里曼（曼德拉的扮演者），应该如何向女儿解释苦难和贫穷，应该如何让女儿明白为什么她的生活和这些人如此不同。

"摩根对我说，'你什么都不用说，让她自己看看这一切。那就是每个人都需要接受的教育。'这是我得到过的最棒的建议。亚历克西娅看着身边的人和事，感受着这一切。那种体验可能改变她的人生。"

摩根的方法是正确的。研究证明，同理心对于感恩非常重要，现在，心理学家把这方面的能力称为"情商"。大量大脑与行为研究发现，智商对一个人后半生成功与否的影响大概只有20%，而与情商相关的其他因素决定着剩下的80%。

当孩子可以暂时放下自己，想象自己站在另一个人的立场，会更好地回应其他人的情感，辨认出自己的情感。他们才会开始感恩自己拥有的一切以及他人为自己的付出。

不是大明星、没到南非旅行也可以培养孩子的同理心。我的儿子马特读高中时，曾在纽约南街海港博物馆做志愿者，帮忙修复诞生于1885年的Wavertree号——世界上最后几艘用锻铁打造的大帆船之一。

那段时间里，马特每天的工作就是一点点刮掉船体上的锈迹。重复的机械劳动除了让马特满头大汗、疲惫不堪，还让他双手沾满黑铁屑，甚至全身都脏兮兮。在回家的地铁上，当马特懒懒地陷进柔软舒适的座位时，但留意到人们在经过他时会稍稍迟疑，然后默默走开。

有一天吃晚餐时，马特出神思考着什么，接着这位15岁的男孩对自己的生命表达了最大限度的感恩。

"当时我穿着工作靴，浑身脏兮兮地坐在那里，迎接着人们的异样眼光。"他告诉我们，"那一刻，我意识到自己是多么幸运：那并不是我的正式工作，而是一份出于兴趣接受的临时任务。"

这个想法在马特心中回荡了很久。以前，哪怕我在他耳边说一千遍"你很幸运"也不可能达到如此效果。如今，我一个字也不需要说，我的小儿子就懂得深刻感悟生活。

英国伯明翰大学朱比利品格与美德研究中心的目标之一就是更广泛地培养和传播感恩之类的品德。邮件交流之后，研究中心主任詹姆斯·阿瑟答应在伦敦与我碰面。

第二天一大早，我见到了詹姆斯·阿瑟。他一头银发，非常引人注目。我们在早餐室的皮沙发上落座，一边喝茶，一边交谈。詹姆斯告诉我，他打算把感恩和其他品德引入学校教学系统。

"品德教育可能改变年轻人的人生。"詹姆斯说。

詹姆斯的研究小组曾调查过 7 所英国学校的品德教育情况，从伊顿公学（英国最著名的贵族中学）到伯明翰的一所特殊教育小学。詹姆斯希望找到最好的品德教育推广方法，然后加以发展。"我们正在寻找培养良好品德的方法，以帮助年轻人用超越自身的视角看待世界。"

詹姆斯乐观地相信，提倡感恩教育有助于创造更慷慨、更包容的世界。教育的目的是帮助年轻人为未来做好准备，如果年轻人能因为感恩而充满善意和同情心，他们的未来不是会更有希望吗？

我点了点头，使劲咽了咽口水。对于詹姆斯和他的同事来说，他们做的并不只是一项以感恩为主题的冷冰冰的社会心理学研究，而是想通过引导下一代学会感恩，创造更美好的世界。

回到纽约之后，我细细回味了詹姆斯的话，没想到感恩竟可以应用得如此广泛。在学校，感恩不会取代数学和科学的课程，但感恩教育已经被提上议程。越来越多的学校开始介入社会领域，如制止校园霸凌、为残疾学生提供帮助等。

詹姆斯把这些努力归入价值观教学这个更大的类别的做法是正确的。曾有篇报道称，科罗拉多州的一家私立小学正在尝试把感恩引入课堂。低年级的学生会在课堂上讨论他们认为值得感恩的事情，四、五年级的学生则开始写感恩日记。那所学校的校长说："如果我们能引导孩子心怀感恩，未来他们收获成功与幸福的可能性就更高。"

就算有些学校还没开始这样做，家长们也可以率先行动。想让孩子们意识到自己有多么幸运，需要引导他们进行比较思考，开阔他们的眼界。比如，周六时，相比带孩子去购物中心，还不如带他们去救助站参观。可能这种经历没那么有趣，但从长远来看，对孩子更有益处。

还有一个选择，是我十分喜欢的几件事之一：收集起家里收到的所有慈善呼吁信件，然后全家人一起讨论要响应其中的哪一封。预计捐献的款项由父母决定，至于要捐献给哪家机构则由孩子们说了算。

注意在日常生活中树立感恩的榜样。何不建议各个家庭成员每周撰写一些文字、拍摄一些照片以表达对事物的感谢之情？比如，一位朋友、一片雪花或一抹斜阳。如果孩子们喜欢玩社交网站，也可以借助平台分享有关感恩的信息，这或许还能帮助更多人用不同的眼光看待这个世界。

在做有关感恩和孩子教育方面的研究时，我听说了一位名叫亚罗·邓纳姆的研究者，我致电他时，他正在耶鲁大学担任全职教授。

邓纳姆领导着一个名叫社会认知发展实验室的组织对社会群体的形成进行了重要研究。

在一项实验中，社会认知发展实验室的研究者随机指派一些孩子穿红色 T 恤，其他孩子穿蓝色 T 恤，然后发现孩子们会马上对这个两分钟前还压根不存在的群体表示绝对忠诚。

最近，邓纳姆又启动了一个研究项目，分析鼓励孩子心怀感恩的因素。与詹姆斯·阿瑟一样，邓纳姆也很想知道感恩对建成更大的"美德圈"的贡献度。

"成年人会区分感恩和义务，"邓纳姆告诉我，"义务是你需要偿还的一笔债务。感恩是当某些好事发生，你感到快乐的一种感觉。义务让人有欠债感，感恩则会让人想要将其传播出去。但孩子们可能还不太会区分这两种感觉。"

邓纳姆和波士顿大学的彼得·布莱克合作进行过一项实验。受试者是 4 ～ 8 岁的小孩。邓纳姆把这些小受试者带到实验室，分给他们每人一份礼物，像是一本贴纸书或一次性文身贴等。邓纳姆告诉一部分孩子（A 组），给他们礼物是为了谢谢他们来到实验室——邓纳姆把这称为"直接交换关系"。另一些孩子（B 组）则被告知，他们拿到的礼物来自另一个孩子，那个孩子分享了自己最喜欢的玩具。

接下来，邓纳姆组织孩子们玩了一个游戏：给他们每人 10 颗糖果，并且告诉他们，他们可以自己拿走全部糖果，也可以和其他人分享。结果，相比 A 组的孩子，B 组的孩子更愿意和他人分享糖果。邓纳姆很兴奋地发现，<u>即便是年幼的孩子，一点点感恩之心也会让他们想要为他人做点什么。</u>

互惠是进化生物学家的研究课题之一。所谓互惠就是，你为我做了一些什么，而我也为你做同样的事。人类就是如此这般才变成一个懂得合作的物种。互惠是最简单的感恩。

邓纳姆欣喜地指出，感恩之心会促使孩子乐于分享，而非简单地互惠。实验也证实了这一点，那些对自己收到的礼物心怀感恩的孩子更愿意与其他孩子分享糖果。这不仅仅是回报或义务。

接下来，邓纳姆研究了感恩是如何在孩子和成年人中创造"一种善行的永动循环"的。心怀感恩的孩子会为下一个孩子做点什么，这个孩子又会进一步为下一个孩子做点什么，依次循环下去……最终，也会有人为第一个孩子做点什么。

邓纳姆还发现，那些认为自己应该获得礼物的孩子并不觉得应该感恩。这也正是我感兴趣的问题。我问邓纳姆，那种态度是不是可以解释某些青少年行为。

"好问题！"邓纳姆振奋人心的回答让我觉得非常荣幸，"青少年拥有一种'理所当然'的意识，这种意识和感恩相抵触。如果他们认为家长、社会或世界有义务提供他们想要的东西，那么家长所做的一切就是在履行义务。那不是一种容易令人觉得感恩的心态。"

我喜欢邓纳姆的研究，于是和他约定要保持联系。之后，有一次，当我心烦意乱时，突然想到，"不懂感恩"的孩子、青少年和"千禧一代"身上出现的问题，可能实际就是"义务与感恩"的问题。

没有哪位家长会把送孩子去夏令营、给他们买羊绒衫看成自己的义务。但如果孩子把这当成交换关系，对于那些希望孩子心怀感恩的家长来说，是时候想一想要不要继续履行这些"义务"了。

在成长过程中，有谁真的认识到父母为自己付出了多少？我的父亲出身贫寒，他非常努力地打工才勉强供自己读完波士顿大学。他很骄傲自己能接受良好的教育，但令人心酸的是，他没钱参加毕业舞会。

举行毕业舞会的那天晚上，父亲接了一份服务台的工作：负责向更富有的同班同学售卖舞会门票。父亲永远也忘不了，当身着华服的同学一个个从身边经过时，心头泛起的苦涩。30年后，父亲还不忘当日。

在我的毕业舞会一周前，父亲告诉了我这个故事。这时我才想到，我和兄弟们应该多么感恩，是父亲一力承担了我们的大学费用。我非常感动地问父亲，我们是否可以制订一个计划，等我赚到足够多钱的时候，就把大学的学费还给他。

"你可以回报我，但不要用钱，"性格温和的父亲说，"最好的回报就是这样为你自己的孩子付出。"

我当时并不真正明白父亲的意思，直到我有了自己的孩子。我会对我的孩子说："不要回报给我，但把爱传下去。"那才是最美好的表达感恩的方式。那样做也有助于实现詹姆斯·阿瑟和亚罗·邓纳姆的善意目标：我们可以通过传递感恩之心，创造更美好的世界。

家长可以做的最好的事情可能就是树立一个感恩的榜样，在计划未来和享受当下之间找到平衡。但事实上，我们并不擅长此事。我的大儿子扎克总想快点长大，所以，最适合他的教育方式可能就是退后一步，欣赏他做的事情即可。

读高中时，扎克发现每个成年人都会问他将要申请哪所大学。"就好像我现在做的事情完全不重要似的。"当时扎克这样抱怨。

扎克的脑瓜很聪明，很会转移话题，但进入大学之后，这些成年人又开始问他对将来的事业有什么规划。"嘿，你们难道对我上的课、遇到的教授，还有我在物理实验室里做过的那些很酷的实验一点也不感兴趣？"扎克忍不住在心中咆哮。

不知怎么的，扎克好像天生就知道要对人生道路上的每一刻心怀感恩。在耶鲁大学读大一时，扎克和另外 3 位学生合租一个套间。房间很小，扎克每次都要翻过一张双人床才能坐在自己的书桌前。但这个套间位于耶鲁大学老校区的宿舍楼里，一栋在 19 世纪末模仿牛津大学和剑桥大学的风格修建起来的宿舍楼。

一天，我去扎克的宿舍找他，我俩走到房间门口时，教堂的钟声响起，这栋拥有数百年历史的建筑在阳光照射下闪闪发光。我心中怀疑，18 岁的孩子能够欣赏此刻的美景吗？我还没开口，扎克就示意我看周围的环境，提醒我应该就这么静静地站着感受一会儿。

"每天早上我走出宿舍之后，都会停下来看看周围的一切。感谢我能够生活在这里。等毕业之后，我就再也没机会住这样的地方了。这一切可都不是理所当然。"扎克说。

我很惊讶，扎克竟能做到忽略宿舍的逼仄而感受这里的神奇。作为家长，我们也可以心怀感恩和教授感恩，帮助他们用全新的眼光解读经历，带领他们看见更大的世界。在理解孩子不愿意表达感恩的心理原因之后，双方才能顺利度过一切坎坷。

我也很想把扎克拥有这份感恩之心的功劳据为己有，然后讲述我为了培养他付出的种种努力，但实际上，扎克都是靠自己领悟。相反，一想到孩子们，我的心中总会涌起无穷无尽的感恩。很感恩我也可以向他们学习。

总而言之，如果你想培养懂得感恩的孩子，就对你能够拥有如此美好的他而心怀感恩吧。

第 4 章

停止抱怨，没有坏天气，只有不同类型的好天气

感恩改善了我和丈夫、孩子间的关系，我开始思考感恩还将在日常生活中发挥什么样的神奇作用。一个寒冷的冬日，我在结冰的人行道上一步一打滑地艰难走着，心里还挖苦自己：看来，感恩对糟糕的天气也没辙啊。喂，等一等，为什么不试试感恩呢？

当时，街上的所有人都好像已化身天气预报员，嘴里不停念叨着："今天气温有 5 摄氏度，不过飕飕的寒风会让人感觉好像已经达到零下 10 摄氏度。"我意识到自己在不停地抱怨——买百吉饼的时候，等公交车的时候，走进电梯的时候。我一路都在和周围的人一起抱怨这寒冷的天气。等我终于抵达会议室要办正事时，其实已经因为一早上的抱怨而非常疲惫了。

我的感恩日记里可没有能把冬日寒风变成加勒比海灿烂阳光的魔

法咒语。面对让东部沿海和中西部部分地区居民的生活陷入瘫痪的极端严寒天气，我可以做一件事：停止抱怨。

发现每一天的美好意味着忽略日常的麻烦和问题。我们不应该只把感恩之心留给特别的日子。于是，这个月的计划就这样确定了。**我要停止抱怨天气，对平凡的日常生活更加感恩。**

大家都知道抱怨一点儿用也没有，除了发泄心中的烦闷以得到些微安慰。许多人推崇一吐为快的方法，但说出口的话会影响我们内心的感受。如果你经常抱怨自己的不幸，慢慢地你就会真的相信自己是不幸的。

抱怨糟糕的境况只会让说者和听者都更不开心。除了没完没了地抱怨那些我们无法改变的事，一定有更好的和人联络感情的方式。

我在街上走着，一边把脖子上的格子花呢围巾包得更紧一些，一边想着要换个角度度过这一天。我也可以找到暴风雪的积极面。英国艺术家、社会思想家约翰·罗斯金说过：这个世界没有所谓的坏天气，只有各种不同的好天气。

就在这时，一个正在家门口清扫积雪的男人往身后甩了一铲雪，雪"啪"地落在我肩头。

"哎呀！"我喊出了声。

"对不起！"对方边道歉边转身看到底发生了什么。他戴着一顶厚帽子，裹着大大的围巾，确实不太可能注意到身后我这个路人。

"小心一点！"我一边掸着外套上的雪，一边说道，脸激动地涨红了。我气鼓鼓地往前走去，突然又停下脚步。我想，我的感恩态度一定能把持住这一切。我做了个深呼吸，试着把坏事变好。那个人确实甩了我一身雪，但能住在这个街区是我的幸运，因为邻居在暴风雪天气里还会外出清扫积雪。而且，很感恩，清扫积雪的是他不是我。

我犹豫了一下，折返回去，朝那人挥了挥手。他停下手里的动作，铲子悬在半空中："怎么了？"

"没事。我只是想谢谢你清扫这些积雪。"

"噢。"他点了点头，继续铲雪。他一定觉得很奇怪，怎么有个疯女人先冲自己大喊大叫然后又回头道谢。但我心里感觉好多了。

与其抱怨玫瑰上的刺，不如感激刺丛里长出了玫瑰

回家之后，我拿出最近在看的书，公元 2 世纪的罗马帝国皇帝马可·奥勒留撰写的《沉思录》。在为平定兵患而征战四方的同时，奥勒留对自我意识和人生本质进行了深入思考，记录下了与自己心灵的对话。《沉思录》的中心主题之一是，我们要认清哪些是可以控制的，而哪些不行，然后对可以控制的事物采取行动，忽略那些不能控制的部分。几个世纪以来，奥勒留的哲学思想引起了世人的广泛共鸣。

书中有段话很适合那天的状况：不论你是冻得发抖还是热得

冒汗，累得犯困了还是清醒着……不要让环境妨碍你做该做的事情。

我朗读了一遍，嘴角扬起微笑。

马可·奥勒留是斯多葛哲学学派的代表人物之一，尽管现在我们提到"斯多葛"（Stoics）一词时想到的是忍耐和顺从，但事实上，斯多葛学派只是想鼓励人们保持理性。

早在公元前 3 世纪，斯多葛学派的哲学家就告诉世人，可以根据自己的想法解决问题。马可·奥勒留相信，我们都拥有可以清除破坏性情绪的内在能量。他意识到，如果浪费时间对自己无法改变的环境沮丧，那你永远也不会快乐起来。

临睡前，我把《沉思录》放在床头，翻到其中一页，上面有这样一段话：早上起床后，想想活着是我们享有的多么宝贵的一项权利，我们可以呼吸、思考、享受和爱。

第二天早上醒来之后，查看手机信息之前，我重新读了这段话。在古罗马皇帝奥勒留的激励下，我准备好感谢这一天，即我要进一步测试一下我的"不抱怨策略"。

在这么冷的天气里，我真想一整天待在屋子里，窝在壁炉边取暖，但我得去城市另一头的一家广告公司开会。我换上羊绒连衣裙，穿上皮靴，套上雪裤，再戴上手套和遮耳帽后，我走进了寒冷的风雪中。艰难跋涉后，我提早抵达了开会地点。趁时间还早，我偷偷溜进女厕所，脱掉雪裤，用纸巾擦干手提包，整理好被帽子压扁的头发。

当我体面地走进会议室后，那位将和我开会的穿着考究的主管先进行了自我介绍，然后问候我："天气真是糟糕，对不对？你是怎么坚持过来这里的？"

我想到一句古老的谚语：<u>与其抱怨玫瑰丛长满了刺，还不如感激刺丛里竟生出了玫瑰。</u>

"很幸运我们能在室内工作。这里非常温暖。"我欢快地说。

他愣了一下，微笑着说："肯定比干体力活强多啦。"

也许谈不上非常感恩，但我们的对话肯定比讨论冻伤的脚趾更加愉快。而且，我们都感觉更温暖了一些。

这周接下来的时间里，我把找到每段对话的积极面当成自己的挑战。当人们抱怨天气时，我会开始夸赞热温技术紧身衣和橡胶保暖靴有多好穿。然后，对方常常会忘记自己的抱怨，问我要去哪里买。我感谢那些铲雪的人，感谢在纽约街头花5美元就可以买到非常暖和的羊绒围巾。我甚至告诉对方，天气这么冷，我刚好可以踏上期盼已久的南极之旅了。进入乐观状态之后，我很惊讶自己能这么轻易改变谈话气氛，并得到他人的认同。

"你是对的，"在咖啡店排队时，身后的一个男人和我聊起了天气，"再过几个月，我们就会开始抱怨天气又湿又热。"

"是啊，但现在我们可以毫无负罪感地喝上一杯热巧克力。"我一边伸手去取柜台上盈满泡沫的咖啡一边说。

"这听起来不错。"他说道。

"值得感恩。"我边说边举起了我的塑料咖啡杯。

那天晚上，我拿出那本漂亮的感恩日记本，记录下白天发生的几件让我感觉很棒的事。最后我补充了一句：非常感谢……减少抱怨之后，我比以前更快乐，更能发现生活中的美好。然后，我停了下来，开始思考。保持积极的生活态度会创造一种虚假的现实吗？

多个领域的研究似乎都证明了认知的力量。如果神经递质会对一些我们可能没意识到的微妙事物做出反应，那么，到底什么是"现实"？实际上，我们相信什么，就会把它变成现实。

举例来说，很多人表示，知名品牌头痛药的治疗效果比普通头痛药的效果更好。而医生和药剂师觉得这很不可思议，因为这不可能。艾德维尔头痛药和普通的布洛芬完全一样，拜耳的感冒药则和阿司匹林是一样的：药物的分子结构和有效成分完全相同。也不必比较那些非有效成分（颜色鲜亮的糖衣），因为研究者用不同的药物做实验时，受试者完全发现不了其中的差别。

事实上，不论是否有意为之，人类的大脑可以创造出比任何止痛药都有效的化学物质。如果你认为知名品牌的头痛药效果更好，那就真的会产生更好的效果。

我虽知道这些心理误区，但平日里依然常常掉进"陷阱"。比如，当罗恩准备买普通药品时，我则会选择艾德维尔旗下的药品。我知道我是在为外包装和品牌广告买单，但服用布洛芬的效果确实和服用艾德维尔止痛片的效果不同。

你可以说这是安慰剂效应，但不能否认它真的有效果。因为在所有的研究中，人们的头痛症状都会因为自认为服用了不同的药物而发生不同的变化。

类似地，即使是经验最丰富的品酒专家也可能受到价格和原产地的影响。如果告诉品酒专家其中一瓶是市面上很难买到的价值 200 美元的骑士庄园红酒，另一瓶则是"自酿红酒"，品酒专家一般会认为第一瓶红酒的口感更好。

耶鲁大学教授保罗·布卢姆曾分析过快乐的基础。他把高价红酒和廉价红酒的标签互换之后拿给品酒专家品鉴。确实，有些专家认为贴了廉价标签的红酒口感更好，但是 3 倍多的人认为贴了高价标签的红酒口感更好。显然，在红酒的橡木味、土壤气味、口感柔滑程度等方面，影响品酒专家看法的不仅是红酒本身，还有玻璃瓶身上的那张标签。

还有一项令人印象更加深刻的研究。在这项研究中，受试者同意研究者在自己品尝红酒时对他们进行功能性磁共振成像扫描（fMRI）。摆放在受试者面前的显示屏幕，会在他们品尝红酒时显示该种红酒的信息，包括价格和口感等，但实际上，受试者多次品尝的都是同一种酒。布卢姆教授称，当受试者认为自己正在品尝一种很昂贵或很稀有的红酒时，他们大脑里的愉快中心"像圣诞树那样亮了起来"。

所以，我们不仅仅会认为自己更喜欢某样东西，也会用一种更积极的方式体验这种偏爱。就像大品牌止痛药一样，同一种产品也可能激起我们的神经回路产生不同的反应。

一天晚上，我和朋友相约共进晚餐。席间她们谈论到一瓶价格不菲的纳帕谷葡萄酒。她们认为这瓶酒有橡木、柠檬和花的香气，我忍不住挖苦她们："你们喝的是标签而不是红酒。对我来说，它的味道就是……红酒。"她们神色透露出几分优越感，然后反驳我："是你的舌头品尝不出葡萄酒的微妙风土差异。"

我们可能都是对的。因为怀有不同的期待，我们的愉快中心释放出了不同的信息。我们都喜欢把自己当成唯一拥有真实体验的人，但"真实体验"很可能根本不存在。

对我来说，停止抱怨天气就像给一瓶廉价红酒贴上高价标签：天气不会改变，但我的感受确实改变了。当我们感谢已经拥有的东西时，会更容易感到满足、更容易感到快乐。

接下来，我将关注点转向了希腊哲学家伊壁鸠鲁。伊壁鸠鲁大约出生于公元前 341 年，他在很久之前就认识到了感恩的价值。他建议我们，不要因为渴望得不到的而错过已经拥有的。要知道，现在已经拥有的，也曾是你渴望的。

公元 3 世纪的哲学家第欧根尼同意这个观点。他在土耳其的一面墙上刻下伊壁鸠鲁的名言：对小事不满意的人，对任何事情都不会满意。

这些感悟可能充满智慧，不过我想更谨慎一些。哲学和神学的宗旨可能就是安慰我们要快乐地生活，但感恩已拥有的东西并不意味着我们不能争取更多。感恩可能是快乐的独家秘方，但只有当它依然允许我们拥有野心和决心时，这个秘方才会奏效。

既然简单地停止抱怨天气就能让人感觉更好一点，我很好奇，如果我停止对一切东西的抱怨，情况又会怎么样？

我将抱怨分为两类：一类是发牢骚、挑毛病；另一类是你真的想要做成某些事情。我的"不抱怨策略"只能应对第一类的抱怨。第二类抱怨依然存在。当干洗店毁掉我最喜欢的裙子上的褶皱饰边时，我依然不会放弃提出赔偿；当新靴子的鞋跟坏掉时，我还是会去店里换一双。心怀感恩并不影响我们解决问题。

但我依然会时时用伊壁鸠鲁的建议提醒自己：你不应该因为想要其他东西而错过你已经拥有的。所以，当我排在杂货店收银台前长长的队伍里时，相比烦躁不堪，我会尝试感恩自己生活在可以买到新鲜食物的地方。当我的编辑没有及时回复我时，我没有抱怨，而是想着他的收件箱可能已经爆满。当朋友带我去看一场我俩都不喜欢的演唱会时，我会说："没关系，反正我们在一起就已经很开心了。"

所有的善意开始自然流淌。刚开始，我每天都要努力找出感恩的理由，现在，感恩已经融入生活，成为我的基本生活态度。

感恩的氛围在家里延续，尽管我和罗恩约定的为期一个月的感恩计划已经结束。虽然罗恩依然需要匆忙赶去急诊室，依然会轮到他当值，但我努力看到积极面的态度改变了我们的关系。感谢和积极的态度已经成为我们的日常。

保持积极正面的另外一面是，我会敏锐地发现哪些人并不心怀感恩。一天晚上，我的朋友达娜约我出来小坐。她一坐下就开始倾吐自己最近的悲惨遭遇：达娜供职的那家大公司最近把总部搬到了市中心，她讨厌新的工作环境；达娜的办公室变小了，视野也不够好；公司附近没有好的购物商场；公司的电梯太、太、太慢了！

几周之前，我可能会对她表示同情，然后讲述自己的遭遇，以便和她比一比到底谁更悲惨。停止抱怨就像戒掉油腻的炸薯条。刚开始很难，但一段时间之后，你会感觉非常棒，不会再想回到之前的状态。而且，你会希望其他人也开始改变。

"其实，你喜欢你的工作，你的收入不错，而且只有很少人像你那样拥有独立办公室，而不用挤在公共区域的小隔间里办公。那已经很棒了！你应该感恩自己拥有的一切。"我告诉达娜。

"噢，拜托，你不知道我的生活有多悲惨。"

"失业的生活才算悲惨。"

"夜里我得坐地铁回家，真讨厌！"

"但早上你可以享受召车服务，你爱这一点！请关注这个部分！"

　　争执了一会儿之后，达娜和我气鼓鼓地瞪着对方，我们都想搞清楚为什么对方听不懂自己的话。坐在我对面的达娜一如往常的精致优雅，头发吹得蓬松有型，指甲修剪得整齐可爱，耳朵上戴着一对惹眼的钻石耳钉。我把我的感恩计划和它带来的改变分享给达娜，但她没有听进去。告别时，我们之间的互动非常冷淡。

　　到家后，我告诉罗恩和达娜聊天令我多么沮丧。

　　"她太不懂得感恩了。她的生活里有那么多好事，但她却只看不顺利的那些。"

　　"或许你可以帮帮她。"

　　"我试了，但我想我失败了。"

　　转机发生在一周之后。达娜打电话给我，聊了些无关紧要的话题，忽然，我意识到她打来电话另有原因。

　　"你记得去年我的背很痛，最后动了手术吗？"达娜问我。

　　"当然，我记得。"我说道。

　　"昨天，我正在街上走着，突然意识到现在身上一点也不痛了。我开始对我走出的每一步心怀感恩。是不是很棒？现在，每次走路的时候，我都会感恩自己没有病痛。"

　　听到这些，我真希望她就在我面前，因为我想给她一个大大的拥抱。"对每一步心怀感恩。那是很棒的第一步。"我对达娜说。她一定感觉得到我在电话这头的微笑。

积极心理学之父：懂得感恩的人幸福感最高

第二天，我搭火车到费城和马丁·塞利格曼博士见面。他是宾夕法尼亚大学的知名心理学教授，也是积极心理学中心的主任，被公认为积极心理学领域的奠基人。传统心理治疗师关注的是改变不快乐的状态，而塞利格曼博士鼓励人们用积极的眼光看待事物。

塞利格曼博士在成为美国心理学会会长之后，鼓励成员把心理学的目标从治疗疾病转变为增强幸福感。"治疗消极的心理状态并不会让人变得更积极。"塞利格曼博士解释道，"一个人可能不觉得压抑、焦虑和愤怒，但也不会感觉满足和充实。"

我和塞利格曼博士第一次见面是在一年前，当时我刚开始思考感恩的问题。那次，他邀请我去费城的一家高级餐厅吃饭，晚餐包括鱼子酱、龙虾泡芙、精心烹制的海鲈鱼和美味的巧克力慕斯。我们一边享用美食，一边探讨感恩是如何提升幸福感的。

塞利格曼博士在创立积极心理学时，曾将"追求快乐"定为人类的终极目标。但在分析了一些研究结果之后，塞利格曼博士确信，快乐还不够，想真正活出灿烂的生命，我们需要投入、意义、目标和感恩。"生活满意度不仅仅指愉快的心情。现在，我们在寻求一种更高级的幸福感。"塞利格曼博士一边品尝彬彬有礼的侍者送来的可口小吃，一边说道。

这次见面时，我提前在一家熟食店打包了三明治，然后出发去塞利格曼博士的研究中心。我把今年的感恩计划告诉了塞利格曼博士。他赞许地向我点点头。"在我们研究过的所有积极特质中，懂得感恩的人幸福感最高。"塞利格曼博士说。感恩和幸福感之间有着很强的关联性，但二者之间存在怎样的因果关系？这是古老的鸡生蛋还是蛋生鸡的问题：感恩会提升幸福感吗？拥有较高幸福感的人也会更加感恩吗？两个问题的答案似乎都是肯定的。

懂得感恩的人通常拥有更多朋友，社会交往也更频繁，更乐观的生活态度帮助他们更快乐地生活。但如果你天生不懂得感恩，塞利格曼博士的"感恩干预"也可以产生很好的效果。

"你可以找一些比较不懂感恩的人，让他们写感恩日记、信件，拜访他们应该感恩的对象，然后分析他们的幸福感有没有提升。"塞利格曼博士建议道。

数项研究表明，干预的效果可以持续数天、数周，甚至数月。前面已经说过，感恩日记改变了我的生活态度，帮助我调整了视角，让我重新用积极的眼光看待周围的人和事。

"很好，"塞利格曼博士点头说道，"还有一种方法。在度过每一天时，把你打算在当天晚上写进日记的东西用相机拍下来。做些什么比空想的效果更好。"根据我对人体及大脑的了解，我知道采取行动有助于把正确的信息传递给神经细胞。采取行动有助于巩固我们正在尝试搭建的神经通路。塞利格曼博士在早期研究中发现，效果最好的干预行为是"感恩探访"。

根据塞利格曼博士的设想，首先，你可以想一想谁曾经让你的生活变得更美好，然后坐下来，给他写一封感谢信。信要写得具体一些，300 字左右，描述一下那个人做了什么，你受到了什么样的影响。然后和这个人约个时间见面，但不要告诉他为什么见面。见面之后，郑重地把这封信朗读给他听，朗读过程中不要被任何事情打断。

"面对面互动是一件很特别的事情。你们会流泪，情绪满满，可能还会拥抱好几次，但除去这些，我们发现，在接下来的一整个月里，写信的人将没那么沮丧，生活态度也会更加积极。"

对于一个小项目来说，一整个月保持积极似乎已经是很棒的效果。但我正在进行的是为期一年的感恩计划。我需要更持久的改变。

"你可以自己做一个实验，"塞利格曼博士微笑着说，"我还没研究过做多次感恩探访的效果，不过，你可以试试看一年做 3 次会有什么效果，或是一年做 12 次。"

在回家的火车上，我想起几年前写过的一封感谢信，直至今日，它依然让我感觉很好。当时，我是全美发行量最大的杂志的主编，每周覆盖的读者数量大约是 7 200 万人。乔治·布什总统执政期间，我曾为他做过封面专访。

贝拉克·奥巴马当选总统时，我认为在他就职前为他做一场周末封面专访一定能大获成功。于是，我致电总统的秘书。他告诉我，总统要把重要的内容留在就职演说上发表。这非常合理。那么，有什么内容值得一写，但又不会和总统的就职演说发生冲突呢？我在30秒内想出了一个有说服力的点子。

"或许，文章内容可以是奥巴马总统写给女儿们的一封信，告诉她们，父亲在接下来的4年里对她们的期望。"我建议道。

"不错的想法。让我和总统确认一下。"他说道。

不到一小时，我收到了答复。秘书告诉我，奥巴马总统喜欢我的点子，而且很快就会动笔。但随着截稿日期的临近，我没有收到稿子，我再次致电那位秘书。

"我真想快点读到总统的故事。"我对他说。

"我们也是。这一篇可是总统亲自写的。"这位总统首席通讯员说道。

当天下午，我收到了总统的信，写得实在太完美了，一字未改就登了出去。那一期杂志发表后，总统的信件获得了公众的广泛好评和国际关注。几年之后，总统根据这封给女儿们的信撰写了一部励志童书。实际上，那个由我"原创"的点子其实另有来源。那颗灵感的种子是在几年前埋下的。

当时我相识的一位拉比 ① 杰弗里·西格曼谈起要撰写一份"道德

---

① 犹太人中的一个特别阶层，是老师和智者的象征，接受过正规犹太教育，系统学习过《塔纳赫》《塔木德》等犹太教经典。——译者注

遗嘱"。他说，传统遗嘱谈的都是钱和财产，难道我们不应该把自己的价值观念、希望以及我们对孩子的期望告诉他们吗？

西格曼把当年自己写给蹒跚学步的女儿的信读给我听。他在信里谈了道德和价值，也讲述了他希望女儿和什么样的人结婚。我被他的理性和感性深深打动。回家之后，我开始给扎克和马特写道德遗嘱，当时他们分别只有 4 岁和 2 岁。当我试着想象自己无法陪伴他们成长时，眼泪就像断线的珠子一样落了下来。

我在信里告诉他们我认为什么是重要的，我希望他们能在人生中收获什么。后来，我把信密封起来，藏在安全的地方。幸运的是，一直没人发现这两封信。我分别在扎克和马特 18 岁生日那天把道德遗嘱交给了他们。我想，18 岁这个年纪，读到这样一封信，了解妈妈对自己的爱和未来的期望，应该不会对他们造成太大伤害。

当我提议总统给女儿们写一封信时，这段经历就在我的记忆深处。总统的信件刊登之后，我开始写另一封信，这次的收件人是西格曼。我在信里告诉他，这些年里，他的话一直回响在我心头，而且是一篇阅读量过百万的文章的灵感之源。"非常感谢您在多年前为我播撒的灵感种子，我很自豪可以和大家分享它。"

承认他人为你的生活带来的积极变化，可以深化你与他们的内在联系。西格曼在回信中也感谢了我，不过，相比收到感谢信，可能我写那封信的当下更加感动。

感恩不会让冬天变得更暖，但可以制造几缕阳光

马丁·塞利格曼博士是对的，真诚地向他人表达感谢会让你很快乐。塞利格曼博士通过研究发现，那种满足感可以持续数周不散，甚至可以对抗抑郁。我就是一个活生生的例子：给西格曼写感谢信已经是几年前的事情了，但现在一想起这件事，我的心依然感觉很温暖。

塞利格曼博士开创积极心理学之后，一些学者也紧随其后开始做感恩研究。有些学者界定了让我们对另一个人心怀感恩的因素，并设定了评判标准。但我不完全赞同他们的观点。

有种广受欢迎的观点认为，当某些东西代价高昂时，如时间、努力或金钱，我们会更加感恩。当一位朋友顺路送我们去机场时，我们会感谢他，但如果一位邻居放下手头的事情专门送我们去机场时，我们会更加感谢他。也就是说，我们也会感谢别人的自愿和利他行为，就算他原本不一定需要做这些事。

另一项研究提出这样一个问题：假如你溺水了，当有人跳下水救你时，你会有多感激？可能你会非常感激他，但如果他是一名救生员呢？如果他只是在履行职责呢？你还会对他如此感恩戴德吗？我想，如果是我，不论是谁把我救上岸，我都会心怀同等的感谢。

或许最好的感恩是需要我们用心，而不是用脑去体会的。给我提供建议是作为拉比的西格曼的工作职责之一，但我依然很感谢他那些

充满智慧和力量的话语。塞利格曼博士推荐的所有技巧，写感恩日记、拍照片、寄感谢信和进行感恩探访等，只是众多方法之一，为的是帮助我们专注于当下，看到这个世界和人们的美。

为了心怀感恩地生活，我付出了不少努力。全新的感恩态度并没有让这个冬天变得更暖，但我开始自行给每一天制造几缕阳光。

实行感恩计划后的第一个月里，我把每天向丈夫表达感谢当成有趣的游戏，但现在，这已经成为一件完全自然而然的事，而且让我们感觉很快乐。我还坚持写感恩日记，每周写 3 次日记的节奏似乎比每天都写更适合我。这样，写感恩日记依然是件让我高兴的事情，而不是一件苦差事。

寻找事情的积极面改变了我的生活态度。这让我觉得非常有趣。快乐与否并不取决于事件本身，而是取决于我如何解读它们。明白这一点后，我仿佛身心都自由了。

不论发生什么——和丈夫、孩子发生了不愉快，或者在街上遇到小意外——我都能更好地掌控它们。我可以选择烦恼和痛苦，也可以选择快乐面对。虽然我还需要继续努力，但感恩已经确确实实让我快乐起来了。

第二部分

**春季计划：感恩金钱、事业
与我们所拥有的物品**

Spring

第5章

内在快乐是恒久的，
物质带来的喜悦转瞬即逝

　　在过去几个月里，随着开始感谢家人、朋友甚至陌生人，我的生活和世界观发生了积极变化。有一天，我看着家里的一切，心想是不是应该感谢身边的所有物品了，像是照片、家具、艺术品、小摆设和旧玩具等。我喜欢现在拥有的大部分物品，但并不想感谢它们。我有些好奇，是不是我们只会感谢新物品呢？

　　一个周六的下午，罗恩在医院值班，我独自一人出发前往布鲁明戴尔百货商店。

　　货架上摆满了美丽的餐具，尽管我不需要它们，但还是高高兴兴地买了6只黄色的麦片碗。我真是开心极了！买几条全新的柔软毛巾如何？粉嫩的颜色会让浴室瞬间活泼起来，而且和那条新买的浅绿色床单真是太配了。我买的是免熨烫床单，这样就又少了一件家务。

逛着逛着我就被精美的厨房用品吸引了过去，并花 9 美元买了一把把手是亮孔雀毛颜色的陶瓷水果刀。其实价格那么实惠，我大可买两把。离开百货商店时，我两只手提满了购物袋。购物确实很有趣，但把战利品拎回家可不是件美差。

第二天，这些东西变得更沉了。我想对新采购的东西表示感恩，但刷卡时的那股兴奋劲儿早就过了。

大部分人都在为消费经济的繁荣发展贡献自己的力量。我们高兴时购物，无聊时也购物。

有天深夜，我在最爱的家居装饰闪购网站拍下了一只装饰枕。点下"购买"键的那一瞬间，我是如此满足，以至于两天后，忍不住又买了只。那仅仅只是个开头。接下来的那些天里，快递员如此频繁地出现在我家门口，我甚至觉得应该给他倒杯咖啡。

网络零售公司每天的营业额高达数千亿美元，这些商品出货后会随客运飞机上升至平流层，落地后由快递员派送到客户家中。但拿到这些商品之后，我们会怎么对待它们呢？

一位女性杂志编辑曾告诉我，她有一个增加杂志销量的绝招，那就是把封面标题定为"让你的生活变得井井有条！"逛杂志区时，我想看看这条智慧是否还奏效。

答案是肯定的，有 6 本杂志提供了关于整理存储空间、布置衣橱和柜子的小贴士，帮助读者享受一个更整洁的家居环境。我买了其中一本，封面上承诺教我如何征服杂乱——好像我们的物品是需要被驯服的野生动物似的。

相比物品，人们从体验中获得的快乐更加持久

从布鲁明戴尔百货商店回家之后，我打开感恩日记，开始赞美我的战利品，但怎么也找不回当时的激动感。全新的黄色麦片碗很适合装谷物早餐，但从长期来看，这些麦片碗不会让我的生活变得更加精彩或更有活力。

第二天，我联系了汤姆·吉洛维奇。汤姆是康奈尔大学的一名行为经济学家。这些年来，他致力于研究如何花钱和我们有多快乐之间的联系。研究发现，不论我们购买什么，汽车、电脑或大屏电视，那种兴奋感可能会持续一段时间，比如，当你第一次在家里用 3D 家庭影院看《阿凡达》时就会很高兴，但物质财富远没有我们想象中那么能够令人满足。

吉洛维奇的研究一次又一次发现，相比物品，人们从体验中获得的快乐更加持久。到海滩度假，在卡内基音乐厅听演唱会，或是在后院举办一场家庭烧烤会，似乎都可以让我们拥有电视无法带来的持久满足感。

物品的问题在于我们会逐渐习惯它们的存在。我们会想要某样

东西，但一旦拥有了它，就不会再去留意或关心它。这就是我之前提过的习惯化的问题。我们不是忘恩负义的家伙，我们只是神经细胞的产物，会对新的刺激做出积极反应。看到新东西时，我们所有的大脑神经细胞就会兴奋起来，但当这些神经细胞辨认出熟悉的因素后，就不会那么频繁地被激活。

从生存的角度看，这些都合情合理。当环境很稳定时，你不需要留意它，因为这个状态已经保持一段时间了，不太可能发生危险，所以大脑神经细胞可以保持安静。但如果出现了新人或新的事物，我们就可能警觉起来，神经细胞就会做出适当的反应。"快！抬头看！天上飞的那个是一只鸟、一架飞机，还是超人？"

这些神经细胞的刺激会让我们兴奋，感觉自己活着。这是很好的感觉，所以我们常会找出让神经细胞兴奋起来的意料之外的刺激物。曾经帮助我们躲避老虎的高度集中的注意力，现在会让我们想在大半夜网购家居装饰用品。

聪明的营销人员会经常改变网站的外观，避免让我们的大脑细胞落入惯性模式。换句话说，家里的漂亮枕头越堆越多实际上并不是我的错，这是因为我的神经细胞在看到新商品之后兴奋了起来，告诉我："你应该把它们买下来。"

为了和自然规律对抗，我们不断地买买买，然后发现这场游戏永远没有终结之日。吉洛维奇告诉我们，你拥有的物品越多，就会让自已期待更多，但实际上你的感觉并不会比购物游戏刚开始时更好。我把它称为"车库里的保时捷综合征"，为了纪念我在几年前认识的一个家伙。当时，那个家伙一直不停地和我说他想拥有一辆保时捷 911 卡雷拉敞篷车："想想那流畅的操作手感，优美的线条，还有本田车主的羡慕眼光！"最终，他狠下心买了一辆。当第一次坐上保时捷的柔软真皮座位，并在 10 秒内加速到 100 码（约 160 千米 / 时）时，他浑身上下的每一个细胞都激动不已。

但开了几个星期之后，他就恢复到从前的状态，堵车或是找不到停车位的时候会变得更加烦躁。现在，这部曾经让他魂牵梦萦的神奇战车，变成了一辆停在车库里、需要更换机油的普通汽车。谁又会对这样一辆平平无奇的车着迷呢？

我第一次体验到车库里的保时捷综合征时，还是个小不点。当时芭蕾舞老师宣布我已经很好地掌握了屈膝和旋转的动作，可以转去跳足尖舞的舞蹈班了。可以穿芭蕾舞鞋了！我真是兴奋到了极点。但母亲反对我跳足尖舞，担心芭蕾舞鞋会毁了我的脚。我伤心得大哭，觉得她在毁掉我的人生。我反复恳求她说如果我能拥有一双芭蕾舞鞋，就会永远快乐下去，整个宇宙都会被欢乐主宰。

一天，我因为咽喉炎请假，我想象着，如果我有一双芭蕾舞鞋，就可以穿着它们躺在床上，一定马上就不会那么难受了。当时的我认为，芭蕾舞鞋拥有魔法般的力量。最终，母亲妥协了。我们去买第一双芭蕾舞鞋的过程我记忆犹新。粉红色的缎带摸起来柔软顺滑，我穿上舞鞋，细致地把缎带绑在脚踝上，兴奋感持续了至少 1 小时。

后来，尽管足尖鞋依然像丝绸般柔滑，粉色也依然甜美，但它们渐渐失去魔力。如果我爱的是跳芭蕾，情况则会大不相同，但我喜欢的只是那双足尖鞋。我一直知道，长大以后，相比成为一名首席芭蕾舞女演员，我更愿意写一篇关于她的故事。

我的大部分所有物也是如此：在拥有它们之前，我非常渴望它们的时候，它们拥有更强大的力量。所以，有没有什么办法治疗车库里的保时捷综合征呢？显而易见的答案是，砸更多钱。等你厌倦了保时捷，就再买一辆法拉利。当芭蕾舞鞋失去了光彩，就试一试芭蕾舞短裙？问题是，这根本不管用。

心理学家把这种现象叫作"快乐水车"：因为买了想要的东西而感觉满足，而当满足感逐渐消退时，再去买一件新的。你买的东西可能越来越精致，或越来越昂贵，但这个循环永不休止。你可以不断提高自己的购物目标，但每当冲到了终点线，你就会开始渴望新的东西。正如吉洛维奇说的那样："你完成一个目标后会想去追求另一个。"

"不留意"是我们难以心怀感恩的原因

几年前，我的朋友劳伦打算订婚，她的未婚夫给她买了一枚硕大的订婚钻戒。劳伦第一次向我展示那颗 4 克拉的钻戒时，我发出了赞叹："好大一颗钻石！"

"每个人都告诉我，钻石会越戴越小。"劳伦笑着说。

钻石是几种相当坚硬的矿物之一，它们不会像沙粒一样被冲走。但我们会审美疲劳，眼睛会逐渐习惯它的存在，所以劳伦知道自己要准备好接受钻石会不断缩小这一事实。

后来，我和劳伦一直没见，直到不久之前一起吃午餐。我的目光被那颗闪亮的钻石吸引了，我告诉劳伦，自己差点儿忘了这颗钻戒有多美。听我这么说，劳伦很惊讶，她伸出手，好像第一次看见一样仔细端详着眼前的钻石。

"我都没怎么留意它了。"劳拉说。

不再留意正是我们难以对已经拥有的东西心怀感恩的原因。有一次，我路过一家闪亮的苹果手机体验店。那是 iPhone 6 上市的第一天，队伍排到了街角，大家都想赶紧买到这台新玩意，好让家里那台老家伙快点退休。

上市 3 天内，苹果公司售出了 1 000 万台 iPhone 6，而在下一款 iPhone 上市时，这些人很可能会再次排队购买。不管是苹果手机还是装麦片的碗，在追求下一样你认为可能让你快乐的东西时，你都可能紧张到胃痛。

近期，吉洛维奇推进了那项关于购买物和感恩心之间关系的研究。

他做了许多实验，想找出购买什么样的东西可以激发人们的感恩之心。他的结论是，不论我们购买的东西有多么精致、闪亮或昂贵，都没办法激发感恩之心。

然后，吉洛维奇比较了人们花钱购买某样东西和花钱获得一次重要体验时的内心感受有什么不同。怎么花钱，才能激起人们最强烈的感恩之心？

"通常，让人们感恩的并不是某样东西，相比得到某样东西，参与者更加感恩获得了某种体验。想起和家人一起吃的午餐、看的演唱会以及最近的海岛假期，你更有可能感恩这些钱花得值。"

我问吉洛维奇，为什么物品没法让我们心怀感恩。他指出，体验会以某种方式深化我们的特征，而物品做不到。你可能喜欢把自己想象成徒步旅行者、滑雪者、舞者或是音乐会爱好者，你可以真的去徒步旅行、去滑雪、去跳舞、去听音乐会，把想象变成现实。

一些更深刻、更实在的东西才能让我们获得持久的快乐，收获那种让我们感恩生命的快乐。

美好的回忆会随着时间推移，闪烁出越发耀眼的光芒

心理学中有一个概念叫禀赋效应，指当一个人拥有某项物品时，他对该物品价值的评价要比未拥有之前大大增加。在实验过程中，就

算参与者获得的是一些圆珠笔或马克杯这样的便宜物品，他们也会立刻认为这些东西属于自己，而不愿意和别人交换，但至多也就是这样了，因为尝试对拥有的物品心怀感恩有一个很大的问题，那就是你永远会比较自己拥有什么，而别人又拥有些什么。

购买新笔记本电脑时你可能很兴奋，但当一位朋友向你展示她的电脑速度更快、机身更轻，而且能制作出比皮克斯公司更棒的动画电影时，你的电脑似乎就不那么完美了，你一部分的快乐就会消失，你会想："其实我可以买一台更好的！"

对于体验，我们就不会进行这种比较。"相比物质商品，我们更少攀比各自的体验。"吉洛维奇说。体验非常个人化，你不需要和别人进行比较。就算你的朋友在罗得岱堡旅行时下榻的酒店比你当初住的更豪华，你也可以只是耸耸肩，开始回味自己那段关于沙滩排球和海边逐浪的独家记忆。

研究发现，浪漫化一段体验比浪漫化一样物品要容易得多。如果汽车一直出现故障，你会很沮丧，认为很难看到这件事情的积极面。反之，在度过糟糕的假期回到家之后，你可以对朋友说："是的，每天都在下雨，不过，我们玩了拼字游戏，而且感情更好了。"

吉洛维奇还向我介绍了一项实验。实验参与者是一群准备去迪士尼乐园游玩的人，研究者问他们有多期待这场旅行。所有人都说自己兴奋极了，而且热烈讨论了这场旅行会有多棒。但到了迪士尼乐园时，他们并没有出发前那么快乐：排不完的队伍，燥热的天气，而且食物非常昂贵。

旅程结束回到家之后，研究者再次采访了这群实验参与者，并再次得到了积极的反馈：全家都很喜欢这场旅行，每个人都很快乐。

"你会很感恩自己记住的是一种体验，而不是真正发生了什么。"吉洛维奇说。

关于体验的回忆比关于物品的更加积极。近来，大数据成为重要的研究工具，吉洛维奇的团队分析了各种社交平台上的用户评论，研究人们在评论中表达的有关感恩的内容。相比描述买到的东西，比如，衣服或电子设备，人们在描述去餐馆吃饭或出去旅游这样的经历时，使用了更多和感恩相关的字眼。

吉洛维奇告诉我，其他学者可能更好奇人们对另一个人心怀感恩意味着什么，但他对"非目标化的感恩"更感兴趣，也就是一种和宇宙联结、喜欢生命不可预测性的感觉。吉洛维奇教授确信，相比购买新东西，美好的体验能激发人们更强的感恩之心。

吉洛维奇还想设计一些实验，想弄清楚是否可以引导人们进入一种良性循环，这样人们就可以既享受感恩，又不那么物质。

吉洛维奇说道："如果你想让自己更加感恩，可以尝试体验式消费。我们不一定总能意识到自己有多么物质，以及到底把多少青山绿水改造成了像购物中心那种无法令人感到满足的地方。"

体验的优点之一就是，它们让你和其他人建立了联结，而物质商品很少能做到这一点。吉洛维奇指出，当你一个人开车前往周围刚刚铺好柏油马路的大型购物中心时，可能完全想不起要感谢这种经历。当你感觉孤单时，生活似乎也不怎么美好。但当你和朋友、家人度过一段美好时光，或是走进大自然时，就会感恩宇宙为你提供了这一切。

激发感恩的事件非常个人化，但这些事件几乎全都可以被归入"体验"的类别。你不会在购物中心买到对宇宙的感恩。

告别吉洛维奇之后，我上网给一对即将结婚的朋友买新婚礼物。他们列出的礼物清单中有普通的厨房工具和葡萄酒杯，以及"夏威夷蜜月升级清单"。我选择的礼物是私人教练一日潜水游。我想，相比高速榨汁机，他们一定会更感谢这份礼物。

吉洛维奇一定会支持这种越来越普遍的"体验礼物清单"，比如，热气球一日游，在一间提供早餐的旅馆度个周末，一顿香槟晚餐，而不是瓷器和水晶摆设。这是一种奇妙的变化。银质餐具会失去光泽，但记忆可以恒常如新，甚至随着时间的推移，闪烁出越发耀眼的光芒。

一种能激发感恩之心、让我们和宇宙联结的体验，不需要富有艺术性或高尚无比。

我认识一位技术从业者，他拥有橄榄球队"旧金山49人"队的赛季套票，并把橄榄球赛季期间的周日描述成"我感恩自己活着的日子"。他不在意一整个星期都要辛苦工作，只要能坐在李维斯体育场的40

码线上大声欢呼，他就乐疯了。"我没有劳力士手表，但我永远都可以看我的橄榄球赛。"他大笑着告诉我。

但在把体验商品化时，我们需要小心一点，不要把体验变成我们追逐的另一样物品。

我的一位朋友刚结束为期一周的威尼斯之旅。她下榻在高雅的威尼斯西普里亚尼宾馆。她是在读了《一生不可错过的 1 000 个地方》（*1 000 Places to See Before You Die*）之后选定了这家酒店。亚马逊网站把这部书誉为"世界最畅销的旅游书"。

我期待着我的朋友聊聊浪漫的贡多拉渡船之旅、宏伟的教堂和可口的食物。但她有不同的说法。

"威尼斯很美，现在我可以把它从待旅行清单上划掉了，"她说道，"我们在意大利的时候还去了另外两个地方。"

"太棒了，"我大笑着说道，"如果你多活 300 年，就可以把这本书上的所有地方都走个遍了。"

实际上，她可能要花更长的时间，因为新版书还另外增加了 200 个地方。当我的朋友，或其他任何一个人，着急地想着下一站要去维也纳或委内瑞拉时，又怎么可能尽情享受威尼斯的快乐冒险呢？

我们要小心，不要变成"体验上瘾者"，不要只是不断索求更多的体验，而忘记欣赏当下的美景。

即使失去那件珍珠礼服，你依然会感恩拥有那场婚礼

行为经济学家和诺贝尔经济学奖获得者丹尼尔·卡尼曼曾指出，很难说什么东西能让我们快乐，因为我们需要取悦两个自我，经验自我和记忆自我。经验自我活在当下，接受着每天发生的一切。记忆自我是一个讲故事的人，把我们的一小部分体验编织成记忆，而正是这些记忆定义了我们是谁。

罗马哲学家塞内加说过，我们最难以忍受的事情，后来却变成了最美好的回忆。我们都有过这样的体验：经历的当下似乎有点悲惨，但后来我们却会对这些经历心怀感恩。

几年前，罗恩和我带着小儿子马特去奥地利阿尔卑斯山徒步旅行。我们每天徒步穿越翠绿的山坡，看奶牛在山坡上悠闲地吃青草，赏山坡上开满的野花。晚上，我们住在舒适的旅馆里，享用美味的晚餐，慵懒地躺在床上。直到第四天，旅程还算完美。

第四天早上，我们计划去登一座富有挑战性的山，从高原登上悬崖峭壁。为了饱览美景，我们最终登顶了，看到远处漂亮的红色小屋，那正是我们当晚落脚的地方。马特顺利地找到了下山进入山谷的路，但我注意到他的表情有些焦虑。他环顾四周，希望可以找到另一条路，但失败了。"这条路有点儿陡，不过我相信我们一定可以做到。"马特一边在前面带路，一边说。

这条小路通向另一座山，山的一边是岩石峭壁，一边是上千米深的悬崖。换句话说，如果踩空一步，我就会摔下山去，尸骨无存。我这么笨手笨脚，摔下悬崖很可能变成现实。

小路旁的岩石上嵌着扶手和钢丝绳，我害怕地紧紧抓住它们，一步也不敢前进。但我别无选择。我没办法折返，而且这条路太狭窄、太危险了，其他人不可能握着我的手前进或为我提供任何帮助。我可以停在原地哭泣（我的第一选择），也可以想办法走下去。

我做了个深呼吸，把注意力集中在脚下的每一步。罗恩走在我后面，随时准备保护我，马特则在前面开路，每过几分钟，他都会停下来，给我鼓劲。

"妈妈，再坚持 10 分钟我们就到山下了。"马特在某个时间点说道。

我抬头看了一眼，知道马特对时间的预估太乐观了，但还是很感谢他的安慰。半个小时之后，脚下的路越来越宽，深不见底的悬崖变成了平缓的小斜坡，马特仿佛拥抱胜利般张开手臂。

"我们做到了。"他大声喊道。

看到我又累又怕，马特脱下了我的背包，挂在自己胸前。

"你不需要帮我背包！"我对马特说。

"我喜欢这样。现在我可以保持平衡。"马特高兴地说。

接下来的几分钟里，马特和我并排走着，给我讲逗趣的故事，唱轻快的歌，吹着快乐的曲调。

"谢谢你陪着我。"我对他说。

我感觉眼泪又要掉下来了，但这次是因为不同的原因。

如果有研究者在我下山的时候询问我的感受，我肯定会告诉他，这是我人生中经历过的最令人害怕的时刻之一。快乐？感恩？当时，我的脑海里完全没有这样的感觉。但下山之后，想到我们完成了这么困难的事，我特别兴奋，而且非常感恩拥有这么体贴的儿子。

没过多久，记忆自我就闯了进来。当我们一家人捧着大杯柠檬水坐在旅馆的小阳台上聊天时，马特说："今天的远足真是酷！"

"特别酷！"我表示同意。现在，陡峭的山路离我很遥远，我可以感谢这一路的风景有多美了。而且，我做到了！

在这次冒险中，我的经验自我苦不堪言，但记忆自我却非常满足，其实反过来也讲得通。例如，你在一家新餐厅吃晚餐，食物很美味，服务很周到，你和爱人边吃边享受甜蜜的二人世界。你的经验自我获得了两小时的感官愉悦，当你品尝法式焦糖炖蛋时，可能会非常感恩获得了如此丰富的感官享受。上最后一道菜时，侍者不小心打翻了咖啡，弄脏了你最爱的真丝衬衣。更倒霉的是，当你准备离开时，衣帽寄存处弄丢了你的电脑包。这是一个美好的夜晚吗？

卡尼曼教授会告诉你，那两个小时的享受，120分钟里的每一分钟，都切切实实地发生了，无法从你的记忆中抹去。但那个更强大的记忆自我却快要抓狂了。把衬衫送洗和尝试找回电脑里的资料之后，你可能宁愿自己没去吃这顿晚饭。

卡尼曼教授发现，一种体验的结尾会对你关于这段体验的整体记忆产生过度的影响。举例来说，如果你做了一次手术，在手术结尾的时候感到一阵疼痛，那么你对这次手术的记忆可能就会变成"从头到尾都很痛"。

而且，卡尼曼教授还发现，记忆自我不会被事情持续时间的长短所影响。重要的是事件的紧张程度、最佳状态和最糟状态分别是什么。那些让你记住新的、特别的东西的神经细胞可以成为你的得力帮手。例如，相比只去一次很普通的长途旅行，一年去几次短途旅行可能让你获得更多感恩的记忆。

几天后，我和朋友大卫一起在外面散步，突然天降大雨。

"你以后回想起今天的事情时，肯定会觉得很有趣！"我一边说，一边和大卫一起向前狂奔寻找躲雨的地方，找到的时候，我们俩都成了落汤鸡。走进屋子之后，我向大卫介绍了经验自我和记忆自我。

大卫若有所思地点了点头："好吧，不过你应该尝试满足哪一个自我呢？哪一个自我让你更加感恩？"

真是有趣的问题，因为每一种自我都可能让我们觉得感恩。当下就表达感恩，会让你的经验自我觉得生命充满能量；而如果你的记忆自我可以用积极的眼光看待过去发生的某一件事，你就又可以对整件事心怀感恩了。

想一想卡尼曼教授的研究，我很惊讶，只有当"东西"融入记忆自我时，才会提高我们的幸福感。我们最珍视的东西可能会让我们想起一段回忆，像是在巴黎旅行中购买的一瓶香水，或是你的宝宝在1岁生日时穿的那身衣服。

有时一样东西的来源会让它久久散发光芒，但那并不是保留太多杂物的借口。即使你没有看到挂在阁楼上的那件微微泛黄的蕾丝珍珠礼服，你的记忆自我依然会感恩自己曾拥有一场如此快乐的婚礼。即使当我们以为自己是因为拥有的某样东西而感恩时，实际上，我们想拥有和留住的常常只是和这样东西相关的回忆。

科学和研究总是令我信服，所以我完全接受了应该在体验而非物品上花费更多的观点，但我的耳朵一直不得清净。啊，是的，我那位节俭、谨慎的母亲一直在我面前唠叨。

我的母亲很注重实际，她一直主张用辛苦赚来的钱购买可以保存很久的东西。母亲认为，假期、派对和精彩的夜晚都会随风而逝。"把钱花在你每天都能看到的东西上。"母亲在我小时候常常这样说。她告诉我，她母亲在她小时候也是这样告诉她的。母亲很少外出旅行，但她拥有一张非常舒适的沙发。

现在，我明白了，母亲的观点——应该把金钱投资在可以保存很久的东西上——是对的，只是她弄错了一点：到底什么东西会长久存在下去。沙发早晚会变旧变脏，而且花钱购买你每天都能看见的东西

有一个问题，那就是，你会停止注意它们。<u>你的东西会逐渐变成生活的背景，但记忆中的体验会一直鲜活。</u>

或许，你的迈阿密之旅只有 5 天，但你不能用时钟或日历去计量它的价值。如果这场旅行成为你记忆中的一部分，甚至成为你的一部分，那它就能一直让你心怀感恩。只能记住一时？完全不是。

令我感到辛酸的是，我的父亲在临终前病得很重，我当时在医院陪他，坐在他身边，握着他的手，和他一起回忆那些曾经让他非常快乐的事情。他谈到了他的孩子和妻子，甚至谈到了他们少有的几次旅行之一——阿拉斯加之旅。

孩子出生之后，罗恩和我一直住在纽约城郊。待孩子长大，我们才搬去市区。我厌倦了一成不变的院墙，渴望新环境、新东西。

房子很快卖了出去，我突然一阵恐慌，注意到了一种奇怪的反习惯化现象。现在，这栋房子不属于我了，我开始用新的眼光看待曾经熟悉的一切——漂亮的壁纸，优雅的壁炉，一般只有图书馆才会使用的那种书架。我怎么会厌倦这一切呢？地下室和阁楼里存放着大量孩子们小时候的东西：扎克在幼儿园时画的手指画，马特在一年级得到的最高评分的家庭作业，至少 20 双小小的科迪斯运动鞋……我把这些宝物收藏在一个个文件夹和大箱子里。

"我们为什么要卖掉这栋房子呢？"一天晚上，我对罗恩抱怨道，"孩子们从小到大的记忆都在这里。"

"是的，但我们卖掉的是房子，不是孩子。"罗恩提醒我。

我选了一些东西带去新家，然后给其他东西拍了照，然后我就变得冷酷无情了。我把几箱衣服送去二手商店，把一个个装满了毯子和厨房用具的巨大袋子送去慈善机构，这样需要的人也可以再利用了。

最终，我明白了，让我觉得感恩的不是那张已经磨破的婴儿毯，而是我的小宝贝曾经躺在上面的温暖回忆。搬家那天，我站在一旁，看着剩下的东西被一样样丢进货车。如果我们拥有的东西可以衡量生命的价值，那我的生命价值则被一辆货车载走了。

等房子被彻底清空之后，罗恩和我穿过每个房间，和空荡荡的它们告别，但一丝狐疑涌上心头。

"让我们快乐的并不是这栋房子，而是住在房子里的人。"我最后一次关上大门。我送走的所有东西都不重要，因为真正重要的那些一直都在——热闹的生日聚会、火炉边的欢声笑语以及我们互相拥抱的温暖记忆。

曼哈顿的新家装修风格简洁雅致，来做客的朋友纷纷感叹新家给人一种简朴、开放的感觉。一位朋友边参观我们的新居边说："在这里，我终于可以呼吸了！"我也喜欢可以呼吸的感觉。

在贝勒大学进行的一项研究中，心理与神经科学系的研究者发现，物品和感恩之间存在负相关关系。他们总结说："物质主义一向与较低的生活满意度相关。"相比用珠宝、衣服和汽车填补心灵缺口，更好的是用感恩之心让心灵的缺口自行消失。懂得感恩的人会获得额外的奖励，他们更少渴望拥有那些无法让自己更加幸福的物品。

如今，似乎越来越多的人明白，不停地买买买没法让我们更快乐。据《华尔街日报》报道，衣物的购买高峰出现于 2005 年，当年平均每个美国人购买了 69 件衣服。到 2013 年时，我们的支出更多，但衣物的购买数量变少了——每年人均购买 63 件。但现在，时尚博主已不再炫耀新购置的衣物，而是宣扬"极简主义衣橱"的理念，在社交网站上分享空了一半的衣橱。极简主义的理念正是少拥有一些，感恩就会多一些。

尽管我同意体验的价值比物品更高，但我的某些拥有物确实也能让我更加感恩。罗恩和我都是艺术爱好者，我的好朋友玛戈·斯坦是一位眼光独到的艺术品经销商。这些年来，玛戈为我们找到了极好的而且负担得起的石版画。每天早上走进客厅时，我都会停下来欣赏那些我最爱的石版画，它们总能让我微笑。

吉洛维奇教授指出，体验才能激起人们最强的感恩心。我很好奇，艺术品会不会是个例外呢？但后来我想通了，其实艺术品也是一种体验。在客厅或博物馆欣赏有趣的画作时，我就是在和它们互动。

其他某些物品肯定也能为我们带来体验感，所以才不会成为习惯化的牺牲品。我认识一位古典吉他收藏家，对他而言，虽然吉他是一种物品，但每次拨动琴弦，他都感觉自己获得了一份宝贵馈赠。

美国喜剧演员杰·雷诺在车库里收藏了 130 辆汽车、93 辆摩托车，每辆车的点火开关里都插着钥匙，因为他真的会开出去。"我从来没把车子当成标本。"雷诺这样说过。他只是在拥有让自己开心的东西，不论那是一辆价值 120 万美元的麦克拉伦跑车、一辆老式布加迪还是雪佛兰。在雷诺眼中，这些车本身就是一种体验，或者说是一种可以创造体验的物品。

当我那位很棒的图书编辑吉尔和她的丈夫买下他们的第一辆大众捷达时，在意的不是可以加热的座椅或是涡轮增压发动机，而是这辆车可以为他们带来什么。他们可以在周末拜访远处的家人，在假期去郊外探险，或是在晚餐派对结束之后，把朋友们送回家。"否则，这么晚还要他们自己打车回家，我们会感觉很抱歉。"吉尔向我解释。充满乐趣的不是这辆车子，而是车子带给他们的冒险经历。

罗恩从很小起就开始收藏古老的美国邮票。一天深夜，我走出卧房，看到罗恩正透过放大镜欣赏一张最近购买的 1858 年的面值 5 美分的邮票，眼睛里闪烁着兴奋的光彩。

"你看起来像是一个在激情中挣扎的男人。"我说。

"我才不会拿我的爱人去交换一张邮票，但这张邮票确实给了我很多乐趣。"他回答道。

所以，或许借助点燃激情的物品，我们也可以体验到吉洛维奇教授所说的那种对宇宙的感恩。当感受到一种真正的联结，不论是和某个人、某种体验或是某张邮票，我们都会非常感恩。虽然我会因为物品带来的体验而感恩，但也需要温习搬家时学到的那一课：东西少一些，幸福可能就多一些。

最后，我找出那些柔软的毛巾、浅绿色床单和黄色麦片碗的收据，回到布鲁明戴尔百货商店。售货员和气地答应帮我退货。我把那把陶瓷水果刀留了下来，毕竟，我不需要对自己拥有的所有东西心怀感恩。偶尔，我还真的需要一把刀来切蛋糕。

第 6 章

金钱不需要太多，
只要够用就能带来快乐

当我告诉罗恩，这个月打算集中关注钱的问题时，他抿了抿嘴，仿佛咬了一口柠檬。

"每次讨论财务问题，你都不大能够保持感恩。"罗恩说。

"所以我才想在这方面努力一下嘛。"我坦承道。

罗恩负责制订我们家的理财计划，确定存款、投资和支出的数额和比例。每个月，我们都会讨论这些理财计划，但基本每次都是不欢而散。通常，我都会一脸震惊地问："可以用的就这么多？！"

"你期待的数字是多少？"上一次罗恩这样问我。

我心里并没有一个确定的数字，但反正比这个数字要多。

所以，我的春季计划就这么确定了：忘了那些我无法拥有的东西，为能够在银行里存下一笔钱而心怀感恩。我决定先思考自己对金钱的态度，因为我们对存款心怀多少感恩通常取决于我们的态度。

规范经济学认为，1 美元就是 1 美元，不管你是如何得到它的，或你的邻居拥有多少钱都不会对此产生影响。但新兴的行为经济学家指出，我们对自己的工资是否满意在很大程度上取决于周围的人赚多少。经过研究调查，行为经济学家发现，如果给人们两种选择——一种是自己年薪 10 万美元，邻居年薪 7.5 万美元；另一种是自己年薪 11 万美元，邻居年薪 20 万美元，大部分人都会选择前者。显然，在钱的问题上，我们并不总是那么理智。

几年前，30 岁的证券交易员萨姆·波尔克在《纽约时报》上发表了一篇文章，招来骂声一片。波尔克表示自己在获得了一笔 360 万美元的分红后选择离开华尔街——因为赚得太少。"我猜，华尔街有 90% 的人认为自己的酬劳太低。"

后来，波尔克承认，他没有把自己的薪资水平放在全球背景下考量，而是以隔壁桌的家伙为参照。我们很容易判定波尔克的感觉为不合理，但行为经济学家认为，我们都有类似的反应，只是我们户头的存款更少。

波尔克意识到有些地方不对劲。反思过后，他发现自己对钱上了瘾，仿佛自己在一台永远没法得到快乐的跑步机上不停奔跑。跳下跑步机后，波尔克告诉记者，相比给自己设定超级高的目标，"我面对的挑战是心怀感恩地接受目前拥有的生活"。

我把波尔克的故事说给罗恩听，他告诉我"你没有波尔克的问题"，因为如果我有"钱瘾"，那我的存款肯定比现在多得多了。

但我们达成了一致：在讨论本月的理财计划之前，我会先想一想拥有多少可以自由支配的钱我才会满足。我相信，不需要太多钱，我就能心怀感恩。我只是需要足够多的钱好让我不再思考钱的问题而已。

把视野放大，我发现全世界大约有 1/3 的人每天的花费还不足 2 美元。每个生活在发达国家的人，早上醒来后都应该感恩自己没生在那些极端贫困的地区。

不管你在哪里，你总会遇到比自己更有钱的人

对演员马特·达蒙进行封面专访时，我对他创办的慈善组织很感兴趣，甚至专门为它筹划了一个项目。达蒙不是一位有名无实的领导者。当他了解到地球上大约有 7.6 亿人无法饮用洁净水时，他震惊了。于是，达蒙把改变这一状况当作重要目标。

达蒙会定期参加一些脱口秀节目。在节目中，达蒙会告诉观众哪些地区非常需要厕所和自来水，但他知道他们更愿意听他最近走红毯时发生的那件糗事。"你可以把'每分钟都会有一个孩子因为和水相关的疾病死亡'这句话重复说几遍？"他有些自嘲地说。一方面，他知道自己说多少遍都不够；另一方面，他意识到我们很难想起极端贫

困的地区。我们习惯一拧开水龙头就有干净的水，很难想象穿拖鞋走到几千米外的水井边打水的感觉。

联合国国际劳工组织曾经调查过全世界（统计对象只包括有工资收入的人群）的平均工资：每月 1 480 美元，每年将近 1.8 万美元。盖洛普民意调查中心对全球家庭收入中位数进行了统计，得出的结果是，家庭收入最低的是非洲的布隆迪，每年 673 美元，最高的是挪威、瑞典和卢森堡，每年 5 万美元，美国和英国大约是每年 4 万美元。

综合这些统计数据可以发现，普通美国人的生活水平，大约是世界平均水平的两倍。但正如加里森·凯勒在《忘忧湖的日子》（Lake Wobegon）中讲述的故事那样，我们都倾向于认为自己高于平均水平。跟华尔街的那些家伙一样，我们没有把自己的生活和全世界比较，然后心怀感恩，而是计算着邻居的财产，然后灰心丧气。

除非你是长居亿万富豪榜榜首的墨西哥商人卡洛斯·斯利姆，否则总会有人比你拥有得更多。想一想当比尔·盖茨和沃伦·巴菲特的排名下滑到第二名、第三名时，他们的感觉有多糟糕吧。2014 年，比尔·盖茨重回榜首，更加热衷于经营慈善事业。找回感恩之心之后，他可能只关心如何把钱花在慈善事业上了。

我的朋友阿比很招人喜欢，她外形靓丽、穿着性感、喜欢玩乐，走到哪里都是男士们注视的焦点。现在，阿比已嫁为人妇，婚姻幸福美满，并和几年前约会过的一个男人保持着好朋友的关系。这个男人既聪明，运气又极好，事业做得风生水起。

一天中午，他接阿比去吃午餐。一起坐在豪华汽车后座的时候，他翻开最新一期的《福布斯》杂志，指给阿比看他登上了全球最富有400人的榜单。阿比向他表示恭喜，他继续不停地翻着杂志。过了一会儿，他在比自己高20位的地方发现了一位竞争对手的名字，立马就气炸了。"那个浑蛋怎么可能打败我！"他大声嚷嚷起来。

阿比在这位朋友还没成为"宇宙主宰"之前很久就认识了他，知道为了走到今天他付出了多少努力，但他自己显然没有意识到。如今，他经营着一家国际企业，拥有贤惠的妻子、可爱的孩子，在世界各地拥有多处房产，但这一切似乎还不够，他满心想的都是在《福布斯》榜单上再上升20位。

我们为什么要那样伤害自己？

嘲笑阿比那位沉迷于《福布斯》榜单的朋友，或是讨厌那位华尔街证券交易商都很容易，但说实话，大部分人或许也和他们一样。我们会因为邻居买得起更大的房子、更炫酷的车而为自己感到难过。

你想要一个名牌炉子，不是因为你想更快地把鸡蛋煮熟，而是因为它价格更贵，而且你觉得自己值得拥有。有位朋友告诉我，住在曼哈顿上东区有一点儿糟糕，那就是认识的每个人都比自己有钱。但不管住在哪里，你永远会遇到比自己有钱的人。

当这个世界温柔待你时，不要忘记说"谢谢"

许多研究者做过与钱相关的研究，了解我们怎么赚钱、怎么看待钱、钱带给我们什么样的感受等。我看到的最有趣的几项研究来自保罗·皮夫，他目前在加利福尼亚大学尔湾分校教授社会心理学。皮夫发现，我们常常高估自己的优势。

在一项研究中，皮夫邀请几位参与者玩大富翁游戏，而且提前说明游戏规则会不同于平常。皮夫会在两位参与者中随机选出一位，其初始资金是另一位的两倍，每次经过"Go"时赚到的钱也是另一位的两倍[1]，而且每轮可以掷两次骰子，也就是行进速度很可能是另一位的两倍。

皮夫留意到，"富有"的参与者很快就占据了优势，他的棋子快速前进，而且沾沾自喜地庆祝每一次的胜利。尽管如此，当被要求描述后半段的游戏状况时，赢家指出，是因为自己明智地购买了某些财产，才最终获得了胜利。

"几乎没有人认为自己获胜是因为最初获得了一整套特权。"皮夫笑着告诉我。

即使明确知道游戏规则往有利于自己的方向倾斜了，我们依然会

---

[1] 玩大富翁游戏时，玩家每走到"Go"或经过"Go"时都可以从银行那里赚一笔钱。——译者注

本能地把一切归结为"我值得拥有我拥有的一切"。赢家会感谢自己最开始获得了 2 000 美元，对手只分到 1 000 美元，或是自己在经过"Go"时可以获得 200 美元，而对手只能获得 100 美元吗？当然，他们会感谢，但他们同时认为，最终之所以能获胜，更重要的原因是他们运用了明智的策略。

皮夫指出，我们倾向于把积极的体验归因于内在因素。"那和感恩相反，我们心里的感觉是'我不一定有权享有这些东西，但很幸运能拥有它们'。"

美国灵魂音乐家雷·查尔斯在一首老歌里唱道："如果不是运气不好……我根本不会这么倒霉。"歌词很奇怪，但大部分人都有这种错觉。"我值得拥有什么？"我们很难回答这个问题，所以会把目前拥有的一切当作基准，从此以后，境遇只能越来越好，否则，我们就会叹息自己厄运缠身。

我们从来没有想过，之所以能拥有眼前的一切，部分原因是我们运气好。我们应该为此心怀感恩。相比在事情不顺利时抱怨世道不公，我们不也应该在事情发展平顺时心怀感恩吗？

皮夫设计大富翁游戏的初衷是反映许多人在真实世界里的境遇：有的人出生于特权家庭，有的人在成功之路上获得了他人的帮助，但他们往往不愿意承认自己从起跑线上就比别人更具优势。

皮夫注意到，在华尔街金融救市后的 CNN 新闻里，经常能看到金融从业者和同事在酒吧欢呼庆祝的画面。他们都会对记者说，最终之所以能够获得成功，是因为自己的商业头脑和专业技术，和金融救市没有太大关系。就算美国财政部拨款 7 000 亿美元的事实，也没能动摇他们的信念。

皮夫说："财富会让人们提高对自身的关注，减少对外在环境的关注，人们容易把好事发生在自己身上的原因归结为自己值得拥有这一切，而忘了要感谢那些在成功之路上推我们一把的人。"

皮夫想知道金钱到底会对人们产生怎样的影响，于是另外做了一项研究：比较豪华轿车车主和经济型轿车车主的驾驶习惯。在加利福尼亚州，经过人行横道时不停车是违法的。通过在交通繁忙的十字路口观察，皮夫发现，50% 的豪华轿车车主不会为行人让路，而经济型轿车车主则全部遵照法律停了下来。

通过分析驾车习惯和大富翁游戏的结果，皮夫相当确定，金钱赋予了人们一种过度的权利感。感谢他人？并没有。他们越来越高的自我关注和自我满足，阻碍了同情心和美德的发挥。

当受试者被告知，桌上的糖果是留给在另一个实验室做实验的孩子们的时，大部分人都不会去拿那些糖果，但富有的人会随意地拿来吃。是的，他们会偷吃孩子们的糖果。

其他一些研究也表明，富人的捐款金额在其收入中的占比，要低于那些没那么富有的人。皮夫提出，那些认为自己有权享有一切的人，更不愿意和他人分享自己的所有物。

这时候，感恩应该登场了。

皮夫说，感恩干预能降低人们的权利感，帮助人们关注世界为他们做了什么，而非仅仅在意自己为世界做了什么。即使是最简单的提醒也能发挥显著的作用。回想自己曾获得的帮助可以让人们更愿意合作，而不会随便拿走留给孩子们的糖果。

皮夫指出，或许大部分富有的人确实是付出了许多努力才取得今天的成功，"但我们都曾接受过他人的帮助，比如，小时候帮你换尿布的父母。感恩之心会让你的关注点由内转外，提醒你这个世界也为你付出了许多"。

金钱依然是非常敏感的话题。现在，我几乎跟遇到的每个人都介绍了我的感恩计划，得到的反馈几乎都是积极的。连最不可能喜欢这个计划的人都告诉我，他们一直在记感恩日记；他们中的大部分人都同意，我们应该对家人、朋友和每天的生活更加心怀感恩。

但当我提出金钱问题时，感恩之心消失了。他们迫不及待地想告诉我他们工作是多么努力，多么值得拥有赚到的每一分钱。我丝毫不怀疑这一点，因为我也有这种感觉。但如果我们在玩的这场大富翁游戏的规则是有利于我们的，那我们是不是应该更谦虚一些，对那些给予我们优势地位的人、国家和环境更加感恩？

是什么让我们变得"幸运"和"不幸"？

我和朋友亨利·亚雷茨基博士探讨了这个问题。他之前是精神科医师，后来下海从商，跨行业创办了多家公司，最后通过出售这些公司获得了一大笔财富。

如今，亚雷茨基博士在纽约曼哈顿拥有一栋1 600多平方米的豪宅，在英属维尔京群岛拥有两个小岛，有一名私人飞行员驾飞机接送他往来各处。亚雷茨基博士的其他财富还包括陪伴他多年的贤妻、4个孝顺的儿子以及多位挚友。

亚雷茨基博士非常细心，而且具有反思意识。我好奇他是否避开了皮夫口中的"内部归因"陷阱，即是否也认为一切好事都是自己应得的。所以，我问他是否真的对自己的幸福生活心怀感恩。

他问道："我要感激谁？一定要感激某一个人吗？"

"你可以感谢宇宙为你安排了这样一种人生。"我提议。

亚雷茨基博士并没有否定这个提议。不过，他和我探讨了生命的随机性。他认为，我们身边围绕着千万个机会，你需要做好准备，留心这些机会，并在它们出现时适时抓住它们。另外，我们需要专注地努力工作。但即使这些条件全部具备，好运气对于取得成功来说依然很重要。

"我常常问自己，取得这些成绩是因为运气还是能力。"亚雷茨基博士略带尴尬地微笑着说。大部分人在意识到运气的作用时，都会不太舒服，但亚雷茨基博士却很高兴，不断诉说着那些一路走来帮助他的人的故事。

"我们都不怎么愿意承认随机性扮演着如此重要的角色。"亚雷茨基博士解释说，在许多科学研究中，如果一个事件的发生概率低于0.05，就可以称之为小概率事件。"我们每天可能遇到100件事，每周可能遇到1 000件事，如果你用事情的件数乘以0.05，就会发现这些随机事件的数量是相当多的。"你可能在街角偶遇了老朋友，然后获得了一个商业机会，并从此迈入百万富翁行列。

亚雷茨基博士认为，是他对细节的专注让他发现了其他人可能错过的好运气。皮夫可能会很高兴，因为一个拥有猎鹰7X喷气式飞机和私人驾驶员的家伙在分析自己为什么成功时，竟然可以兼顾内部因素和外部因素。

思考幸运和感恩之间的关系时，我读了理查德·怀斯曼的相关作品和文章。理查德是英国赫特福德大学的教授，主攻大众传播心理学方面的研究，是英国唯一一位致力于这方面研究的学者。理查德非常想知道，是什么让人们变得"幸运"和"不幸"，并最终确信他可以帮助人们改变运气。

正如亚雷茨基博士所说，部分幸运是通过留意周遭环境获得。另一部分是相信自己很幸运，那样你就会对好事发生在自己身上持开放的态度。在一项实验中，理查德让志愿者读一份报纸，边读边计数报纸里出现了多少张图片。

那些把自己描述为不幸者的人会一边仔细翻阅报纸的每一页，一边仔细计数。而那些自认为是幸运儿的人则会在几秒内得出答案，因为他们注意到在报纸第 2 页上有一条广告写着："不用数了，图片总共有 43 张。"

在另一次实验中，自认为幸运的志愿者也留意到了研究者登的广告，内容是："告诉研究者你看到了这行字，领取属于自己的 250 英镑。"但那些认为自己是不幸者的人往往错过这行字。

好事发生时，我们更有可能心怀感恩，但或许，我们可以做些什么让好事发生。例如，想象你失业了，正要约一位前同事在咖啡馆见面，好向他咨询经验。朋友还没到，你独自坐着，隔壁桌也只有一个人，于是你开始和他聊天。他知道你在找工作后笑了，并把名片递给你，说如果有需要可以打电话给他。原来他是一家公司的管理人员，而进入这家公司正是你的梦想。

他走了之后，你又等了朋友一会儿，虽然朋友最终没有出现，但你还是开开心心地离开了咖啡馆，美滋滋地想着，原来世界是站在自己这边的。你打算明天就打电话应聘职位。

这一天也可能以另一种方式出现。因为急着见朋友，你匆匆忙忙走进咖啡馆，而你又太紧张了，所以不敢和隔壁桌的陌生人聊天，所以你永远也不会知道，自己梦寐以求的工作原来离自己只差一声"Hello"的距离。最后，你的朋友打电话说来不了了，于是你无精打采地离开咖啡馆。当一件好事都没碰上时，你又怎会对世界心怀感恩呢？

不论我们怎么赚钱，是靠好运气、聪明才智还是辛勤工作，金钱和感恩之间都存在着复杂的联系。已经有多项研究表明，超过一定水平之后，拥有更多钱并不会让我们觉得更幸福。美国的分界线据说是约 7.5 万美元，超过了这条分界线之后，不论你是赚 30 万美元还是 10 万美元，对幸福感的影响都微乎其微。

这是真的吗？我还没听过谁说："我想要更快乐，所以我需要少一点钱。"有位研究者曾说，相比拥有普通住所的人，那些拥有更大、装饰得更别致的住所的人生活得更快乐。但他又继续指出，整体来说，公寓居民的快乐程度都相差不大。这意味着什么？如果你的房子比别人大，年薪比别人高，可以去更高档的餐厅吃饭，你不会更快乐吗？

我怀疑，心理学家心里是否埋藏着什么惊天阴谋，以至于他们愿意歪曲研究结果，以说服我们金钱不重要。更有可能的是，他们混淆了快乐和感恩的区别。更多的金钱确实会让人们每一天都过得更快乐，但在衡量更深层的幸福感时，拥有更多钱似乎并不会影响最终结果。

从这个角度来看，心理学家是对的。正如我从马丁·塞利格曼博士那里了解到的一样："幸福"是一种比表面的快乐更深入的感觉。对幸福感影响最大的是我们拥有什么样的经历，是否感到快乐，围绕在我们身边的人是谁，以及我们感受到了多少爱。

塞利格曼博士发现，当我们更加感恩时，幸福感就会上升，但我们不会因为自己更加富有而更加感恩。实际上，有时候匮乏的境况反而会萌生感恩之心。一块面包皮不会让你快乐，但如果你现在饥肠辘辘，一点面包屑或许就足以让你非常非常感恩。

我有一位朋友是哥伦比亚大学的社会学家，他指出，大部分人会认为，如果房子能多一个房间，或是账户里的存款增加10%，他们的生活状况就能得到改善。

有趣的是，人们不会期待拥有一套有40个房间的公寓，或是上百万美元的存款。是因为想象力不够丰富吗？大多数人会认为自己过得还不错，相比期待拥有一个房间，或多10%的存款，对现状心怀感恩更容易让我们快乐起来。于是，问题回到了之前的那个发现：我们会把自己的状况和邻居、朋友进行对比。心怀感恩，停下来感谢已经发生的一切美好，可以防止嫉妒的滋生。很少有哪种情绪的毒性比嫉妒更强。

几年前，那家我已经服务多年的公司被其他公司并购。并购之后，我获得了新公司的一些期权，当这些期权可以出售时，它们的市值大约达到了3万美元。一笔意外之财！然而没过多久，我听说我的直属上司，也就是那次并购案的主要促成者刚刚出售了新获得的期权，总价值3 000万美元。

"他的功劳并不是其他人的100倍！这是一种侮辱！"我靠在二楼的栏杆上，对安静坐在楼下的罗恩生气地抱怨。

"这不是侮辱，这是3万美元。"一向理性的罗恩试图安抚我。

"我没打算卖掉它们！"我大声喊道。

"如果你卖掉了，就可以得到一大笔钱呢。"罗恩再一次试着说动我。

我坚持应该继续持有这些期权，以等待它们升值，这样整件事才会显得公平一些。但它们并没有升值，反而一路暴跌，最后我们变得两手空空。

这个事件让我获得了几个教训。第一，在那个主导交易的家伙卖掉他的期权时，你也应该这么做。第二，永远不要和别人比较，感谢自己已经拥有的东西更重要。第三，这也是最重要的一点：原来一个人的态度可以产生如此大的能量——将一笔意外之财变成一场空，不仅让我的银行账户空欢喜，连我原本已经拥有的感恩之心也清除殆尽。如果当时的我有一点感恩之心，现在我的账户上就会多出3万美元。

我为自己曾如此不懂得感恩而羞愧难当。美国家庭年收入的中位数是5万美元，但约1/4的家庭年收入不足2.5万美元，只有约4%的家庭年收入超过20万美元。

那时候的我在想些什么呢？就像皮夫教授大富翁游戏里的玩家，我在经过"Go"的时候获得了双倍奖励，却忘了说"谢谢"。真正重要的不是奖励的金额。不论是 1.5 万美元，还是 6 万美元，我都应该感恩。

行为经济学家说过，损失一笔钱带来的困扰，比得到同样多钱产生的快乐要多得多，这大概就是那 3 万美元让我苦恼的原因。但更重要的是，我怎么会允许自己用金钱来衡量自己的价值呢？我再也不想这样对待自己了。感恩的心态让我转而用实用的眼光看待金钱。

"如果有更多钱，你会用来做什么？"我问罗恩。

他想了一会儿，耸了耸肩说："我实在想不出来。我想要的都已经有了。"

"哇！这想法真是疯狂，是真的吗？"

"是的。你呢？"

"我没什么想要的，"我说，上个月我已经学了关于物品的一课，"但对于其他东西……"我犹豫了一下。需要更多钱，并且尽一切努力去赚钱似乎是理所当然的。但如果金钱不再是一把尺子，我不再用金钱来定义自己，那么，伟大的美元就会失去它的力量。

和罗恩一样，我已经拥有了自己需要的一切。我突然不明白为什么银行户头里一个更大的数字会让我更加感恩。

希腊哲学家的典籍让我学到许多，所以这一次我决定再读一些与金钱相关的著作。我重新翻开了伊壁鸠鲁的作品，他相信，快乐来自拥有足够多，而非过多。想要更多会制造麻烦。我把这句话抄录在卡片上，摆放在书桌前，时时提醒自己"够了就真的是够了"。

伊壁鸠鲁认为，感恩自己已经拥有足够多的东西会带来快乐，想要更多则会增加痛苦。

我突然想起那个愤怒地辞掉工作的证券交易员，还有那个想在《福布斯》富豪榜上再爬升一些的亿万富翁。他们拥有那么多值得感恩的东西，但都没抓住重点，以至于失去了快乐。过度拥有是错误的追求目标。

几天后，我结识了一位康涅狄格州的退休警官。他的养老金很高，不过他还相当年轻，正在为将来的支出做打算。他打电话给电信公司，希望可以制订更完善、更划算的消费计划，并且找到一个收费更低的电气提供商。他开始怀念以前的日子，那时候每月都会有进账，但也很高兴现在可以放松一点，和妻子、孩子共度欢乐时光。"我们并不是在吃猫粮度日，我们拥有的已经足够了。"

"已经足够了"简直成了我的新口头禅。我很感恩自己可以拥有足够多的东西。

全新的人生态度让我感觉很好，于是我决定外出处理一些杂事。在附近的取款机里，我取了5张20美元的纸币，然后意识到，只要愿意，我随时可以取到钱。这不是很神奇吗？如果我计划对已经拥有的东西心怀感恩，就需要做一些什么好让这些钱更有意义。

经过一家面包店时，我想起了小时候读过的一本书——《小公主》

（*A Little Princess*）。我非常喜欢书里一个叫萨拉的贫苦小女孩。故事中，又冷又饿的萨拉呆呆地看着一家面包店的橱窗，她可以闻到扑鼻的香气，想象屋子的温暖，但一片面包也买不起。

读到这一段的时候，我哭了起来，萨拉的遭遇让小小的我第一次萌生了同情。萨拉，从我的存钱罐里拿一点钱去吧！一片小圆面包也买不起，这对你太不公平了！

回家之后，我从地下室里找出那本《小公主》，重读了一遍。故事的最后，萨拉发现自己原来是一位拥有一大笔财富的公主，我的眼泪又止不住地流了下来。萨拉终于拥有温暖的住处、美味的食物和漂亮的衣服了，但她忘不了曾经的不幸。萨拉第一次走进那家面包店，对老板娘说："不论什么时候，如果看到有饿坏的孩子盯着橱窗的面包看，请邀请他们进来，给他们一点儿吃的，然后把账单寄给我。"

我叹着气合上书，突然想到，如果我在 8 岁时对萨拉更加关注一些，现在或许就不需要去反复思考金钱与感恩的问题了。研究已经表明，如果把钱花在对他人有利的事情上，就算花得值得。

英属哥伦比亚大学进行过一项实验。研究者把装有 5 美元现金的信封随机送给校园中的行人，并请他们在一天内花掉那些钱，不论是用在自己身上还是别人身上。哈佛大学教授迈克尔·诺顿是这项研究的负责人，他发现，几乎所有那些把钱花在自己身上的人，都会很快忘记自己曾获得过这笔钱，而那些打算把钱花在别人身上的人则会停下来想一想该怎么花掉它，并最终收获一份特别的体验。那5美元似乎会因为花在别人身上而变得特别，到这天结束时，受试者报告称自己也更加快乐了一些。

诺顿很好奇，当人们挣扎在温饱线上时，为他人花钱是否也会产生积极的影响。所以，他将实验地点搬到了乌干达，并得到了相同的结果：相比花在自己身上，为他人花钱确实会让人更加满足，不管这个人的经济状况如何。

这让我想起了几个月前的一个晚上。当时罗恩和我正经过时代广场，他发现栅栏边上躺着一张皱巴巴的20美元纸钞。周围人来人往络绎不绝，找到失主似乎是不可能了，所以我们拿着钱继续往前走。

在下一个街区，有几位演奏雷鬼音乐的街头音乐家吸引了许多人驻足。我们停下脚步，互相交换了一个眼神。我们知道，这20美元不属于我们，我们需要和他人分享。我微微点了点头表示同意，看着罗恩把钱丢进了这些街头音乐家面前的帽子里。

我无法解释为什么这么做会让我俩那么高兴。我曾经建议，或许可以用这20美元买两大杯拿铁，或是两件"我爱纽约"的T恤。但如果真这么做了，我们一定会很快忘记这次经历。但现在，那天的事情却深深地印刻在了我的脑海里。

塞利格曼博士告诉过我类似的故事。他曾在邮资上涨的某天去邮局购买面值1美分的邮票。因为排队购买的人很多，塞利格曼博士越来越沮丧，轮到他的时候，在买完自己需要的张数后，博士灵机一动，又购买了 10 版邮票，每版有 100 张之多。

"谁需要 1 美分的邮票？我这里有免费的！"塞利格曼博士朝队伍里的人喊道。他兴高采烈地把邮票递给那些需要的人，没几分钟，1 000 张邮票被一抢而空。

"那是我这辈子花得最值的 10 美元！"塞利格曼博士咯咯笑着。

对每月拥有的可支配金钱心怀感恩，并不会使我变得更富有或更贫穷，但我的态度确实会改变。多年来，我一直在为钱烦恼，担心自己拥有的不够。但如今，我很高兴自己可以拥有更宽广的视野。

苏珊是我相识多年的老友，是一家房地产公司的老板。从小到大，苏珊的表现都出类拔萃。最近，她的公司刚完成一项金额巨大的交易，我由衷为她高兴。苏珊一直在男性的世界里打拼，我们开玩笑说，她的很大一部分乐趣来自让男性听到她取得的成绩。

"这让我很快乐。"苏珊承认道，"你过得怎么样？"

我耸了耸肩。我赚的钱没有苏珊那么多，但已经没那么担心攀登到财富金字塔下一个层级的问题了。

"我赚的钱足够多了，过得很好。我感谢自己拥有的一切。我还需要什么呢？"

苏珊瞪大眼睛看着我，仿佛我刚刚说要脱光衣服跳进伊利运河似的。她一定在想这个我认识多年的家伙怎么会变成这样？多年来，我一直和她抱怨钱的问题，现在，面对着这个全新的我，她似乎又惊讶又担心。

"你还在努力工作吗？"苏珊一脸关切地问。

"非常努力。"我向她保证道，并解释说，"对现在拥有的心怀感恩和为未来努力打拼都是真的，而且两者并不矛盾。"

几天后就是月末了，是罗恩和我讨论下个月的理财计划的时间。他好像已经准备好听我的抱怨。但在看理财计划之前，我先拿出了自己的支票簿。

"你在做什么？"他问道。

"我要开 5 张支票，每张 100 美元。我想，感恩自己拥有的钱的最好方式，就是送掉其中一部分。"

"送给谁？"

"那就是有趣的部分。我们要一起讨论才能得出结果。"我说着，给了罗恩一个吻。

金钱常常让夫妻之间互相远离，而非互相更加靠近。但那天晚上，我俩都觉得下个月的理财计划完美了许多，而且对方也完美了许多。

第 7 章

有意识地练习感恩，
能够成功实现目标

这个月，我想看看感恩会如何改变我对工作和事业的态度。近来，感恩帮我将拥有物品转化成拥抱体验，并引导我认真思考了金钱的意义，不过，尝试用全新的视角看待事业仍然让我紧张。感恩的态度需要我们享受当下，而不是总烦恼下一步该怎么做。但如果不再烦恼，我还会走向下一步吗？

拥有雄心壮志的人通常不会停下脚步欣赏已经取得的成绩，因为他们的全部精力都被用于实现下一个目标。几乎在任何行业，进取心旺盛的人都可以找到向上攀升的道路：拥有更多钱、更豪华的办公室、更响亮的头衔、更大的权力、更高的票房收入，在社交网站上拥有更多"粉丝"。

当和朋友提起我这个月的目标是感恩自己的作家身份时，他们都一脸狐疑。显然，他们很担心，如果我更享受目前的一切，就可能脱离轨道，因自满而停滞不前。

但我不认为事情会这样发展。实际情况恰恰相反。最近，当感恩成为生活的重要组成部分后，我更加迫不及待地迎接每一天的开始。我每天醒得更早，且更加充满活力。这个世界的所有美好我都想参与其中。我决定和罗伯特·埃蒙斯博士探讨一下感恩的问题。对于感恩这个话题，罗伯特·埃蒙斯博士已经研究数十年，十分清楚感恩是否会削弱个人斗志。事实证明，我的想法是正确的。

埃蒙斯博士说："人们常常担心感恩的态度会让人变得自满、懒惰，损耗自我提升的动力，但研究结果恰恰相反。相比之下，心怀感恩的人更能够成功地实现目标。"

我从来不认为感恩会让我变得懒惰，但令人惊讶的是，感恩不仅不会削弱斗志，反而有助于激发干劲。它到底是怎么做到的呢？

埃蒙斯博士认为，"有意识练习感恩"的人将更加明确未来的目标，更愿意实现这个目标。为了证明这一点，埃蒙斯博士进行了一项简单的实验。

实验中，他让受试者在纸上写下想在未来 10 周完成的 6 件事，然后随机选取几位受试者，让他们每周写一篇感恩日记。实验结束时，埃蒙斯博士发现，感恩小组的任务完成度比非感恩小组高 20%，而且感恩小组的成员似乎行动起来更有干劲。

心怀感恩的人更愿意主动行动，而非被动
等待。

The Gratitude Diaries

工作的快乐只能从内心而非外部找到

作为旁观者，我们很明显可以看出，有些人应该感恩自己拥有的事业。谁不想成为电影明星、公司总裁、科技企业家？但不论感恩的感觉有多棒，我们都不会把它写进工作总结。我是在人生的梦幻一刻中明白这个道理的。

当时我坐在伦敦多尔切斯特酒店的豪华套房里，对演员丹尼尔·克雷格进行杂志封面专访。他刚刚拍完007系列电影《皇家赌场》，但依然对当初被确定为詹姆斯·邦德的扮演者时受到的极大争议耿耿于怀。我是克雷格成为詹姆斯·邦德之后第一个访问他的美国记者。当我走进房间时，他脸色苍白而哀愁。

等待酒店的日式早餐时，我们随意聊了几分钟。早餐送来后，克雷格用叉子拨弄了一下，抬起头用冰蓝色的眼睛望着我。"我不想成为搞砸邦德系列的罪人。"

连日来，白天的长时间拍摄，晚上的拼命锻炼（理想中的007应该脂肪更少、更强健），让克雷格精疲力竭。他弓着背吃早餐的时候，完全不像一位动作英雄。不过，他向我保证，电影中的他身材超棒，一定会完美展现燕尾服的美。"拍完这部电影后，我最想做的就是窝在某个沙滩上的躺椅里。"克雷格叹了口气说道。

克雷格知道他的人生即将发生变化，但不确定会变成什么样子。他既想为全球影迷拍出一部很棒的电影，也想保持自己事业的完整性，所以没办法专注地享受当下。我很惊讶，原来即将成为国际巨星的人也不一定快乐。

我留意到克雷格戴着一只手镯，于是探过身想仔细瞧瞧。

"我们拥有的快乐越多，就越接近完美。"我念出镌刻在手镯上的文字。

克雷格抿嘴微笑。"这是 17 世纪哲学家斯宾诺莎的话，我很喜欢这个概念。快乐会让你变得完美。这是一条很棒的人生信念，对不对？"

在克雷格用宽阔的肩膀扛起 007 系列最新电影的压力时，他的手镯时刻提醒着他要感谢生活，找到快乐。

"现在，快乐和感恩，我一样都感觉不到。但我很快会找到它们。"克雷格说。

克雷格明白，不能只是从电影场景里寻找快乐，他得找到属于自己的快乐。就个人而言，克雷格的紧张、不安、性感、坚强和睿智特质非常突出。但感恩不会自然而然地出现，克雷格很聪明，正试着通过哲学思辨寻求快乐。

在充满压力的情况下，心怀感恩可以帮助你冷静下来，获得全新的视角。

The Gratitude Diaries

后来，《皇家赌场》的总票房超越了 007 系列的任何一部电影，我猜克雷格的感觉会好一些。我们每个人都应该戴上斯宾诺莎的手镯，因为不论你是电影明星，还是出租车司机，工作的快乐只能从内心而非外在找到。

这一年的感恩生活让我如此兴奋，于是，开始思考和大家分享我的发现。我想让其他人也知道，他们现在就可以让生活变得更美好。

最近，我去见了一位我很喜欢的作家代理人。在一个大风天，我穿过整座城市去了她的办公室，跟她分享我的近况。

"我很喜欢。"艾丽斯马上领会了我的意思。然后，她压低声音，像是要和我分享秘密似的说道："你能改变自己对丈夫的态度，这真的很棒。我的丈夫已经足够好了，我应该沉浸在感恩中才对，但我总是会分心，而且从来不会告诉他！"

"想像我一样其实很容易，而且很有效。"我向她保证。

"我觉得你需要写一写它。"艾丽斯坚定地说。就这样，我们决定根据我私人的感恩日记撰写一部书。于是，为期一年的感恩习惯成了我的工作。

过去 20 年的大部分时间里，我都在办公室里工作，现在的我则是全职写作，真想念有同事陪伴在身边的日子啊。我甚至没机会跟人们分享这个月的工作目标就是对工作心怀感恩。但最后我想到了，我可以告诉自己，还有我最亲密的朋友罗伯特·马塞洛。

罗伯特是一位出色的小说家，"毒舌"又聪明，风趣又幽默，我们年轻时以作家身份在纽约初次见面，而后每次见面，他都能逗得我哈哈大笑。不论我什么时候打电话给他，都可以一起"吐槽"截稿日期以及只能坐在电脑前赶稿的痛苦。我们互相安慰，互相打趣，而他总有办法让我打起精神。

我打电话给罗伯特，告诉他我有个计划：每天起床后，找出 3 个我应该对自己的工作心怀感恩的理由。

"比如呢？"罗伯特小心地问。

"好吧，比如，我很感恩可以成为一名作家，因为可以采访有趣的人。我可以看到事情积极的一面，还能赚到钱。而且我的新书将帮助很多人。"

"来吧，试一试！"我鼓励罗伯特，"你也想一想自己对当一名作家心怀感恩的 3 个理由。"

"当然，我可以，"罗伯特逐渐领会我的意思，"第一，我可以制订疯狂计划，无视闹钟铃声；第二，高中时不愿意和我约会的那些受欢迎的姑娘现在终于后悔了；第三，这是一天下午我坐在公园里看着其他人匆忙赶去办公室时发现的——成为一名作家就像是过上了有钱人的生活，除了有钱以外！"

然后，罗伯特突然认真起来。他告诉我，在刚搬去洛杉矶、得到几份为网络电视节目撰文的工作时，他就对感恩之情和工作的关系有所思考。

当时，那几份工作都很抢手，报酬也很高，而且颇受人尊敬。但对罗伯特来说并没有什么吸引力。

长时间坐在工作室构思故事情节令罗伯特感到沮丧。有一天，在工作团队花了 10 小时探讨角色动机之后，罗伯特想要施展魔法，让自己从大家眼前消失。

"当时，我们在创作一部电视剧剧本，故事主角是 3 位美丽的巫女。她们需要什么动机？我开始为自己感到难过，就好像我每天都在浪费生命。"罗伯特说道。

疲惫又烦躁的罗伯特起身去了洗手间，往脸上泼了点冷水。正当罗伯特盯着大理石水池发呆的时候，一位清洁工吹着欢乐的口哨走了进来。他一边擦拭洗手台，一边对罗伯特说："今天天气真不错，能在洛杉矶生活真是太幸运了！"

"呃……嗯。"罗伯特一边用纸巾擦脸，一边回应。

这位清洁工还是边吹口哨边打扫，罗伯特抬头看着镜子里的自己。

"我真是被宠坏了，我 1 小时赚的钱可能比那个男人一星期赚的都多，但他喜欢自己的工作，而我讨厌我的。为什么他比我更快乐？"

罗伯特意识到，不论是打扫厕所还是写电视剧剧本，工作内容其实不及他的态度重要。大部分工作既有乐趣也很辛苦，关注积极面可以把悲惨的体验转变为快乐。对撰写剧本这件事感到失望还是快乐，实际上取决于他自己。

感到失望还是快乐，取决于你的态度。

The Gratitude Diaries

"你永远不会忘记这种顿悟。"罗伯特说，"它在我脑海里徘徊了至少 10 分钟。然后，我坐回自己桌前，心情又糟糕起来。但至少我知道自己不应该这么消沉。那已经是一种进步了！"

在和罗伯特通电话的几天后，一位 20 出头的学弟找到了我，向我咨询职业规划。这位学弟服务的是一家数字广告公司，这是他的第一份工作。但当我们捉着杯中的拿铁时，他却一直抱怨自己的工作有多没意思，并表示已经勉强硬撑了一些日子。

"那就是为什么它叫作'工作'。"我想开个玩笑。

"是的，但我值得更好的。"他认真地说道，并没有被我逗乐。

罗伯特说过的"被宠坏了"已经到了嘴边，又被我咽了下去。这个年轻人希望获得的是我的指导，不是道德审判。所以，我和他讲了一些数字广告行业令人振奋的发展新方向。他并没有顺着我的话题往下说，而是开始抱怨自己的老板，以及这份工作经常需要加班。聊到他没有报销额度时，我的耐心用完了。

"你应该感恩自己拥有这份工作！"我打断他。即使他停了下来，我还是感觉自己的头发在慢慢变灰，下巴长出胡须，因为我显然变成那位被遗忘许久的"大萧条"时期的曾祖父。

当时人们都很感恩自己能拥有一份工作，毕竟有数百万人失业，靠干面包和沙丁鱼罐头度日。但对于一名刚毕业的大学生来说，感恩自己的工作没有多大意义。因为他有一整个家庭的支持，而这些家人都认为他值得拥有一份从早 9 点到晚 5 点都能愉快度过的美差。

和他告别之后，我突然想到，或许我的意见并不过时。现在，各个社会阶层和经济阶层的、正在努力寻找工作的男男女女，都应该感恩自己获得了某个职位，即使这份工作并不完美。

"我见过拥有 3 个博士学位的人坐在你现在的位置哭泣——因为丢了工作。"这是一名政府办事员对一位正要提交失业报告的社工说的话。

但那些足够幸运、不需要排队领取救济食品和失业保险的人却很少感恩自己的工作。一项调查发现，当人们被询问对多种事物的感恩程度时，"目前的工作"排在最末尾。只有39%的人感恩自己拥有现在的工作。在收入超过15万美元的人群中，对自己工作表示感恩的比例略高，但仍然有将近40%的人说，"不，我并不感恩现在的工作"。这个比例已经足以证明，全世界劳动者的工作待遇都应该做出一些调整。但一如既往地，正如我的朋友罗伯特意识到的那样，我们主要可以改变的是自己的态度。

我的儿子们一直被教育要"像杰里米一样"。他们从没见过杰里米，但一直听我谈起。我把杰里米当成楷模，以证明如何通过保持乐观和感恩的态度获得事业成功。当时，我是一档电视节目的资深制作人，杰里米是一名暑期实习生。日播节目的节奏很快，没有人有空精心打磨作品。当年的那批实习生需要负责一些重要却单调的工作，我知道他们每天都会花很多时间凑在一起抱怨这份工作。

所有人都怨声载道，除了杰里米。杰里米感谢我们给他实习的机会。他觉得能获得这份体验实在是幸运。当记者们忙着剪片子、播新闻时，杰里米会提出帮忙，即使只是跑腿买咖啡也愿意。一天晚上，我正熬夜写一个故事，杰里米问我是否可以待在编辑室里看我工作。

"你不需要这么做。"我告诉他。

"但我想尽可能多学点东西。我真的很感谢能获得这次实习机会。"他回答。

暑假快结束的时候，大部分实习生的名字我们都不记得了，但我们问杰里米是否愿意从大学退学，到电视台全职工作。杰里米很聪明地拒绝了，但毕业之后，他在电视台的职业生涯顺利起飞。杰里米的干劲没有因为感恩之心下降，反而得到了提升。

那些不快乐的实习生确实有理由抱怨，但他们最终获得了什么？杰里米选择忽略这些烦恼，关注经历中好的一面，最后得到了一份事业。

距离我上次和杰里米聊天已经很久了，而且据我所知，他已经离开电视台开始了有机作物农场主的生活。但没关系，每个人都会愿意和他一起摘新鲜蓝莓。

> 任何工作都有其优缺点，关注消极面只会让自己获得糟糕的体验。集中关注快乐的事可以让大部分工作变得相当有趣。
>
> *The Gratitude Diaries*

当遇见"杰里米"时，你会立马认出他来，他是药房里最快乐的那位店员，是热心提醒你已经到站的公车司机。积极的态度让他们更容易获得晋升的机会，或是更好的工作，因为他们的感恩之心和散发出来的正能量会吸引其他人主动提供帮助。

从遗憾到感恩，只需改变斤斤计较的心

康奈尔大学行为经济学教授汤姆·吉洛维奇说过："我们很想获得好东西，可一旦我们得到了，它们也就没那么令人高兴了。这是习惯化的消极面。"

不论你从事哪个领域的工作，完成任务时短暂的快乐都会很快被更大、更美好的目标取代。如果你拥有一小片销售区域，你会希望把它扩大。如果你是区域主管，你会希望成为公司经营者。但等你登上曾经梦寐以求的职位，或许又会开始觉得不满足。以我目前所了解的信息来说，唯一能避免吉洛维奇所谓的"习惯化的强大力量"的方法就是心怀感恩。

如何学着感谢现在的工作呢？这份工作一定是值得尝试的，而且一定颇具挑战。有位职业规划师告诉我，他会鼓励客户感谢他们目前的工作，并相信下一份定会出现。

"当他们从心怀感恩变成认为自己有权拥有这一切时，你几乎可以听到警铃响起，而且他们一定会惹恼所有合作伙伴。"

他和我讲述了一位年轻金融从业者的故事。当职业规划师帮助他获得某个职位后，他非常高兴，并送去一瓶威士忌表示感谢。但这位职业规划师没空喝掉这瓶酒，因为那位求职者开始定期给他打电话，询问接下来可能登上哪个让他感觉自己会更好、更富有的职位。

"我一直想说：'嘿，感谢自己拥有现在这份工作吧，说不定哪天就丢了。'但没人会相信这一点。"

更早些时候，我在观看冬季奥运会时也一直在思考感恩的问题。因为体育运动是一个成就一目了然的领域：要么赢得奖牌，要么一无所有。但相比运动员的实际表现，他们在比赛结束之后的反应似乎更多地取决于自己当初的期待。有些铜牌获得者在领奖台上微笑、挥手，很兴奋自己可以获得这个奖，因为他们知道，如果再慢百分之一秒，就会错过这枚奖牌。

但有些拿到银牌的选手却非常失望。在世界花样滑冰锦标赛中，韩国选手金妍儿的目标是夺冠，所以才会感觉脖子上的那块银牌廉价得像块木炭。不论是在运动场上还是在生活里，我们的态度在很大程度上被期待所影响。

1892 年，伟大的心理学家威廉·詹姆斯指出，我们以比较准则而非绝对准则为生。詹姆斯曾写下这样的句子："这里有个悖论，即一个男人会因为只是世界第二优秀的拳击手或划船手而羞愧至死。他明明可以打败全世界，却打败不了自己。这完全说不通。"一名运动员可以选择因为没能获得的东西而万分挫败，也可以选择因为还有人表现得不如自己而欢欣鼓舞。

从遗憾转变为感恩，可能只需要改变斤斤计较的心。我曾看过一位名叫阿莱克斯·比洛多的加拿大自由滑雪运动员在一次近乎完美的表现之后，冲出人群拥抱他那正站在场边疯狂欢呼的、身有残疾的兄弟弗雷德里克。后来，阿莱克斯告诉记者，他感谢自己很幸运能拥有健全的身体，可以追求自己的梦想，而兄弟弗雷德里克几乎无法行走，永远也没有这样的机会。没有什么故事会比这个更令人揪心了。

或者，正如激励大师安东尼·罗宾所说的那样："如果你用感谢替换期待，世界立刻就会改变。"

试着对你的工作心怀感恩几乎和对你的伴侣心怀感恩一样难，因为我们对这两者都有过于复杂的期待。我们希望妻子或丈夫成为我们的爱人、最好的朋友、合作伙伴、个人咨询师以及灵魂伴侣，同样，我们对一份工作寄予了过高的期望。我们希望它能为我们提供满意的薪资、成就感、友善的同事、宽容的老板、可实现改变的机会，以及"我很重要"的证明。还有，交通要够方便。

当我们踏入婚姻时，至少怀着"永远幸福"的期望，但却不会这样去要求一份工作。我们会努力工作，等待某些更好的事情发生。但在这个月，我明白了，对目前的工作心怀感恩并不会削弱我们的斗志。它会让我们更快乐，工作效率也更高。我们可以在感恩现有工作的同时，期待在未来展翅翱翔。

每天通过社交网站和我的朋友罗伯特交换关于事业的想法是个好主意，但我们没有坚持很久。不是每件事情都能成功。取而代之的是，我坚持在感恩日记中写下我对身为一名作家心怀感恩的理由。我写下了许多条理由，还隐隐担心月底的时候会想不出更多理由。

有一天，我一大早起来就坐在书桌前撰写新书的出版计划，等回过神来时，竟然已经是下午3点了。积极心理学家把这叫作"流"，一种当你深深沉浸在某项活动中时会产生的快乐感觉。当你进入"流"时，可能就注意不到其他东西。当你画油画、做针线活、做数学题、编写电脑程序、跑步、阅读或做瑜伽等任何需要全身心投入的事情时，你都有可能进入"流"。

那天晚上要写什么已经一目了然了。第二天，灵感迟迟不来，我似乎遇到了困难。但刚到下午，我就完成了一整天的任务。我低头看了看自己，不禁笑了起来。我又拿出感恩日记本，写道：非常感恩，我一整天都可以穿着毛茸茸的拖鞋和睡衣！这可能不是一件惊天动地的大事，但我们都比想象中拥有更多值得感恩的事情。

沃顿商学院最受欢迎的成功课

通过研究我发现，在大部分工作场合，感恩的话语就像母鸡的牙齿一样罕见。只有7%的人常会对老板说"谢谢"，只有10%的人常会对同事表达感谢。在上传下达或日常走动时，人们都很少在工作场合表达感谢。

普林斯顿大学的教授丹尼尔·卡尼曼和同事研究了哪些日常活动

会让人们的心情变糟糕，并发现，让人们心情最糟糕的是和老板相处这件事本身。我完全可以理解，毕竟谁会想和一个从来不欣赏自己所作所为的人相处呢？从很多方面来看，不愿表达感谢的老板是在干一件蠢事。调查结果证明了这个观点。

81% 的人表示，如果拥有一位更懂得感谢自己辛苦付出的老板，他们将会更努力地工作。70% 的人表示，如果老板向自己表达感谢，他们的自我感觉会更好。

被感谢是最强的工作激励因素之一，甚至比钱的激励效果更明显。伦敦政治经济学院的研究者对 50 多项研究进行了分析，这些研究探索了什么因素会让人们在工作中充满干劲。结果显示，如果一份工作可以激发你的兴趣和激情，能够让你觉得有意义、有希望，而且其他人会感谢你的付出，你就会尽全力去做。

实际上，金钱的激励可能产生负面影响。比如，你获得的报酬必须公平。另外，如果你因为某些工作表现突出而获得了直接的金钱回报，反而会破坏那些原本可以让你全情付出的内在和个人动机。

有些强势的管理者不会轻易感谢下属，担心感谢会让自己看起来没那么强大。我的朋友贝丝·舍默尔是亚利桑那州凤凰城的一名高管教练和顾问，她告诉我，她总是试着鼓励管理者向下属表达感谢。"但我们得到的反馈往往是：'每个星期我都有对员工表达感谢啊，它的名字叫薪水。'"贝丝说。

贝丝负责过各种类型的政治计划和商业项目，很擅长管理人心。贝丝充满活力的红发和始终微笑的脸让她看起来亲切友善，与她优异的工作表现十分相衬。"薪水"就是感谢的说法让她不太能接受，所以当有人告诉贝丝这一点时，她知道自己遇到了挑战。

贝丝常常建议 CEO 面对困难的人际交往时，都要以一句"谢谢"开头，毕竟对方一定做过对的事。"说了'谢谢'之后，交流常常会变得更加顺畅，即使你正要开除他们。"贝丝说。

就算老板们不这么做，感谢通常也是更明智的做法。在我们的研究中，96% 的人同意这种说法，即懂得感谢的老板最有可能获得成功，因为人们会团结在他身后支持他。那些认为感谢员工会削弱自己力量的人错了。没有人是完全依靠自己走到现在这一步的。如果你帮助了足够多的人，给予了他们积极的反馈，他们就很有可能改变想法，并为你提供帮助。

亚当·格兰特是宾夕法尼亚大学沃顿商学院的一名管理学教授，他把人分为三类：给予者、索取者和竞争者。索取者处处为自己谋利；竞争者秉持着利益交换原则，会在认为自己将获得回报的时候帮助他人；给予者会不计回报地慷慨待人，为他人提供帮助、建议、知识，分享珍贵的资料并引荐他人。

在激烈的竞争中，给予者似乎会让人停滞不前，有时候也确实会产生事与愿违的结果。但格兰特发现，最终给予者也可能成为成就最大的那个人。那些能很好地把满足自身需求和为他人付出结合起来的人，可能成为各个领域中最成功的人。他们自己和身边的人都会获益。

格兰特本人就是因为感恩和愿意慷慨奉献而最终成为大明星的。格兰特毕业于哈佛大学，是美国大学生优等生荣誉学会的成员。他在3年内攻读下博士学位，成为沃顿商学院最年轻的正教授。格兰特做咨询服务的客户都是美国最优秀的企业，像是谷歌、Facebook、苹果以及世界经济论坛等。格兰特是沃顿商学院里最受欢迎的几位教师之一，因为会不知疲倦地给予建议、回答问题、从他巨大的人际网络中提供联系人、为他人做推荐等，几乎每天都要加班三四个小时。

大家都知道格兰特乐于助人，这成就了他另一个传奇：每天会回复200~300封邮件，其中很大一部分是回复素未谋面的人。听说格兰特非常乐于给予之后，人们纷纷向他询问联络方式，请他写推荐、给意见，甚至请他提供工作。但当我尝试通过邮件联系他时，收到的却是一封自动回复邮件。邮件中解释称，格兰特现在每天会收到成千上万条请求，没办法逐一回复。这封自动回复邮件提供了一些一般性建议，以及他撰写的文章的链接。显然，获得了乐于助人的名声之后，他需要为自己设定一些界限。

我正要打电话给沃顿商学院的朋友，希望换个方式联系格兰特时，收到了格兰特本人的回复邮件。是的，他很乐意和我探讨感恩的问题。

　　通常我会和访谈对象轻松地闲聊，但面对组织性和效率超高的格兰特，我想做更充分的准备。我开始埋头重读他的研究论文，以及他那部有趣的作品《沃顿商学院最受欢迎的成功课》(*Give and Take*)，并列出自己想请教的问题。不过，这些担心都是不必要的。

　　"我知道，听到我感谢你撰写了一部有关感恩的书可能会让你觉得意外，但感恩很重要，却一直被忽视，所以谢谢你。我非常高兴你在做这件事。"我们的谈话刚开始，格兰特就对我说。

　　瞧！这位乐于给予的教授这么快就对我说了"谢谢"，我相信他是真心的。这让我们都感觉很好，而且印证了格兰特认为感恩可以改变商业世界的论断。人们希望被尊重。当人们感觉他人感谢自己做出的贡献时，会以更大的创造力、承诺和坚持给予回应。

　　"感谢是工作中最可持续的激励因素，"格兰特说，"外部激励因素可能不具有这种意义。比如，虽然工资上涨就好像是应该的，但是奖金会花完，而你会一直记得他人对你的感谢。"

　　如果感谢可以让人们更努力工作，让老板更加成功，我们为什么不那么做呢？为什么有那么多老板会认为感谢就是"我们付了他们薪水"呢？格兰特说，部分原因是古老的新教工作伦理（Old Protestant Work Ethic）认为，老板对员工的预期是对方把事情完成，所以为什么要那么麻烦地感谢他们呢？

同时还存在荣誉方面的问题，"一切尽在我的掌握"的管理者不想让别人知道他们需要帮助。"问题是这种担忧根本不必要，依赖另一个人和重视他人做出的贡献以及他们是谁并不是一码事。"

格兰特曾在一所大学的呼叫中心提供咨询。在呼叫中心服务的学生每天需要花好几小时打电话筹款。但在被询问是否愿意捐款时，大部分校友的答案都会很简单——"不"。频繁地被拒绝令这些学生十分沮丧。

格兰特尝试让学生保持积极性，于是请了一名曾接受校友捐款的学生与这些学生会面。这一举动取得了惊人的效果。拨打筹款电话的学生在获得面对面的感谢、看到工作带来的影响后，重新变得动力十足。他们平均筹到的款项从 400 美元提升到了 2 000 美元。要知道，这整整 5 倍的业绩仅仅来自一声"谢谢"。

"为工作制定一个目标，和真正遇到一个关心、感谢、看重你一切付出的人是两码事。"格兰特告诉我，"那句'谢谢'让呼叫中心的学生对自己的价值——而不是这份工作的价值有了新的认识。"

好奇于感恩的力量，格兰特和他的同事哈佛大学教授弗兰西斯卡·吉诺一起进行了另一项研究。他们请来一些专业人士帮助求职者审读简历，并安排求职者在听取对方建议后，请对方帮忙审读另一份简历。大约有 32% 的专业人士答应了求职者的请求。但当求职者在给对方的反馈便条上加上一行"非常感谢您！我真的很感激！"之后，专业人士表示愿意再帮一次忙的比例上升到了 66%。即使是如此简单的感谢都能获得双倍的回应。

后面的研究还发生了一件更出人意料的事情。在一名求职者向专业人士寻求帮助之后，格兰特让另一位求职者也向同一个人提出请求。如果专业人士得到过"我真的很感激！"的反馈，他们帮助第二名求职者的意愿会从 25% 上升到 55%。换言之，在获得感谢之后，人们帮助他人的意愿也会翻倍。

我问格兰特如何在商业中融入更多感恩。他承认说，方法很复杂。"我觉得这很难做到，因为背后的动机是什么？人们会看穿这一切，他们知道感谢和操纵之间的区别。"

但格兰特又说有人找到了正确的方法——金宝汤公司的前任 CEO 道格·柯兰特。几天后，我和柯兰特取得了联系。和格兰特一样，柯兰特聪明、细心，而且很乐意探讨感恩这个话题。

2001 年，金宝汤公司遇到了发展瓶颈。但在柯兰特的领导下，局势获得了扭转，不仅公司利润飙升，而且他口中的"有毒的公司文化"也被彻底根除。和很多喜欢自夸个人能力的企业老板不同，柯兰特相信，要想获得成功，必须获得员工的支持。

"我不可能代替他们做每一个决定，相反，公司里的所有人都需要代表我做决定。在这场游戏中，我需要大家运用自己的头脑和心。"柯兰特说道。

柯兰特试着让自己改变过分关注负面问题的标准商业模式。"通常来说，出了差错的那10%可能获得人们90%的注意力。"但柯兰特更喜欢庆祝进展顺利的那90%。尽管我们会本能地更关注糟糕的部分，但柯兰特希望改变这种心理。

> 关注碗里又大又红的樱桃，而非偶然出现的那只蟑螂。
>
> *The Gratitude Diaries*

尽管柯兰特负责经营的金宝汤公司拥有2万多名员工，市值超过20亿美元，但他采用的是非常个人化的管理方式：给每位工作表现突出的员工写感谢信。格兰特专门安排一位下属和他一起留意公司里发生的积极事件，并给他欣赏的员工寄发感谢信。

柯兰特每天都要亲自手写10~20封感谢信。担任金宝汤公司CEO的10年间，每周6天，天天如此。"计算一下你就会知道，我写了远不止3万封感谢信。"庆祝进展顺利的部分已经成为新的公司文化。

柯兰特的感谢信的收件人不仅是管理层，还包括各个层级的普通员工。许多人怎么也想不到CEO竟然知道他们的存在。现在，柯兰特或许已经患上了书写痉挛综合征，但他的领导风格却被收录在哈佛商学院的案例研究中。

　　柯兰特的温暖并不是软弱，他制订了完美的财务计划和计分卡制度，而且在刚上任时就雷厉风行地解雇了 350 位高级管理者，并另外起用了 300 名新管理者。这 300 位新管理者的价值观和柯兰特更加相符。"我告诉他们，金宝汤公司会用实际行动告诉你，我们重视你，而且如果你能有更高水平的表现，你也将推动整家公司向更高处迈进。"柯兰特说道。后来，所有金宝汤公司的管理者都接受了他的观点，并模仿他的感恩式领导风格。

　　在柯兰特独具特色的感恩管理模式中，还有一个小插曲。2009 年，柯兰特发生车祸，差点儿丧命。柯兰特躺在医院急救中心时，金宝汤公司的全球员工纷纷寄来祝福的卡片，有的来自新泽西、得克萨斯、加利福尼亚，有的来自加拿大、亚洲和澳大利亚。接下来的几周里，柯兰特的妻子为他一一诵读这些祝福的卡片和信件。

　　大部分人都提到，数年前柯兰特曾给他们写过感谢信，这让他们感觉和柯兰特之间建立了特殊联系。获得 CEO 的感谢具有令人难以置信的意义，有些员工甚至把感谢信贴在自家布告板或冰箱上。

　　不论是销售部、生产部或包装部的员工，柯兰特都把他们视为有血有肉真真实实的人。现在，这些把柯兰特当成朋友或家庭成员的员工，在他躺在手术台上时，为他默默祈祷。"善有善报。我就是活生生的例子，正是这些回报赋予了我力量。"柯兰特说。

　　告别柯兰特之后，我温暖而快乐，就像刚刚呼噜呼噜喝下一大碗热腾腾的鸡汤。人们可能会争论"好人会不会有好报"，但我相信，懂得感恩的人一定会成为赢家。柯兰特把一群了解感恩力量的优秀领导者凝聚在了一起。

思索一下我发现，我在工作中获得过的最亲切的感谢来自克林特·伊斯特伍德。克林特塑造过许多经典的荧幕硬汉形象，在电影《父辈的旗帜》首映之前，我们曾在他位于华纳兄弟影城的小屋里畅谈了整整一下午。

访谈开始前，我曾把车误停到克林特的私人停车位。在好莱坞，占用明星的停车位是"死罪"，但克林特非常宽容。他走到我的车窗前，礼貌地做了自我介绍，然后用深沉低缓的嗓音安抚我说："如果你稍微挪过来一点，就够我们俩停了。"

停好车之后，我们像老朋友那样悠闲地走到他的小屋。坐定之后，我们就聊开了，从英雄主义、勇气和战争的破坏一路聊到他的自我挑战。在某个时刻，阳光射进窗户，照在克林特轮廓分明的脸上。他在沙发上伸长双腿，向我承认，他依然对获得的巨大名声感到惊讶。"没有'该不该死'这回事，"克林特借用了电影《不可饶恕》里的一句台词，眨眼苦笑着说。

离开克林特的小屋后，我坐在影城的一张长凳上给罗恩打电话。

"亲爱的，我很爱你，但不得不说，克林特是我遇到过的最性感的家伙。"

"你已经离开他的小屋了吧？"罗恩紧张地问我。

"是啊，真遗憾。"我逗罗恩说。

克林特比我想象的更具魅力，他善良、有礼貌，而且特别绅士。他非常有思想，有些观点非常深刻，但现在棘手的部分出现了。相比普通的名人档案，克林特和我达成了一致，我会以他的口吻，用第一人称写一篇文章。

我从没做过代笔，几位作家朋友也告诉过我他们相关的糟糕经历："你什么好处也捞不到。明星喜欢对文章做很大的改动，然后假装整篇文章都是他写的。但一旦出了什么问题，被责怪的却是你。"

但工作就是工作，所以我把文章写好后寄给了克林特。一天之后，他把文章寄回给我，只改了一个词。那天下午晚些时候，克林特给我打来电话："谢谢你为我写的文章。我喜欢和你交流，而且你做得很好。你的口气很像我。实际上，你比我更像我。"

"真高兴你这样认为。"我红着脸，很高兴周围没有人看到。

"是的，谢谢你。我很感谢你所做的一切。真的，谢谢你。"

几年后，当我和克林特再次见面时，他看起来苍老了，身上的光环也黯淡了一些。但在我心目中，他永远是那个愿意说"谢谢"的大明星。他知道，感恩的态度可以让人拥有一整天的好心情。

最优秀的明星和老板都愿意说"谢谢"，但像其他人一样，他们也需要被感谢。

不管身处哪个层级，我们都需要知道自己被他人感谢了。我的姐姐南希曾在华盛顿的一家非营利咨询公司担任主管一职。当时，这家公司每周都会召开员工会议，并给一些员工发放巧克力以感谢他们付出的努力和取得的成绩。

巧克力的意义等同于奖章，但更加美味，所以非常受欢迎。有一天，公司老板兼 CEO 把她叫去，向她抱怨自己从来没有领过这个奖。南希想了一会儿才意识到他不是在开玩笑。尽管他拥有整家公司，员工会议上的每个人都是他的员工，但他还是想要这块巧克力，或是其他任何形式的感谢。

现在，我终于理解了，为什么罗恩会因为患者赠送的小礼物而那么高兴，比如，来自意大利家庭的自制比萨、圣诞节的果篮、好些瓶我们从来不喝的甜雪莉酒以及罗恩藏在地下室的 6 条手工编织的毯子。这些毯子是较年长的患者亲手编织的，以此回报罗恩的爱心与关怀。有条编织得不那么均匀的橙绿相间的毛毯上还贴着一张字条：为你制作，因为没有人像你对我那么好！字条署名是"梅"，旁边还画了几个粉红色的小爱心。我拎着这条毯子来到楼上，问罗恩这个患者是不是在和他打情骂俏。

"她 93 岁了，所以我不担心这一点。"罗恩这样回答。

"但你喜欢被人爱的感觉。"我取笑他。

"我们不都喜欢吗？"

大多数内科医生的工作动力不仅仅是金钱，否则当初就不会选择这个专业了。让患者感觉到他的付出，是罗恩一直以来的前进动力。感谢不能代替物质报酬，但它们可以互相锦上添花。

我的朋友安娜·拉涅里是斯坦福大学的心理学家和高管教练。她发现，即使是在热门的科技公司，丰厚的奖金也不如他人的感谢重要。"一家因为重视员工而闻名的公司会吸引到优秀的人才。给予员工额外的感谢，也可以有效防止人员流失。"

安娜认为，让管理者接受感恩的最佳方法就是让他们看到感恩的优势和有效性。感恩在各个领域都能奏效，推动感恩发挥作用的老板也会因此感觉很好。即使在硅谷，感恩也可能成为制胜法宝。

少数几家明智的公司正在把感恩纳入更大的行动计划。大家都认为，谷歌拥有梦想中的工作环境，不仅因为他们摆在游泳池旁的办公桌和免费午餐。谷歌的招聘人员列出了一串"在谷歌工作的理由"，最重要的几条包括：

- 生活是美好的。
- 感恩是最佳动力。
- 我们爱我们的员工，而且希望他们知道这一点。

如果谷歌聘用了我，我确定我会有很好的工作表现。因为当某个人对我说，生活是美好的，而且他感谢我、爱我，我也一定会尽全力让他们过得快乐。

谁不会呢？坐在会议室里和坐在客厅里的感觉其实没有多大差别。在办公室里，爱比恐惧更能提高员工的工作效率。如果你保持积极向上的状态，人们就会想要围绕在你身边。

格兰特教授告诉我，优秀的公司，如美捷步、美国西南航空公司和谷歌等，都设置了"同仁认可奖"，并邀请同事们互相提名获奖候选人。"基本上，获奖者都会得到一封感谢信，还有一笔奖金。"格兰特说，"请同事们互相表达感谢可以确保大家不遗忘感恩。"

> 有时候，如果你想对某个人说"谢谢"，
> 其实不需要真的说出这两个字。
>
> *The Gratitude Diaries*

我的朋友雅克和卡伦拥有很多好朋友。在希腊旅行时，他们遇到一对伦敦夫妇，这对夫妇在希腊克里特岛拥有一栋避暑别墅，他们一起在别墅度过了美好的几天。雅克和卡伦还告诉我们，正当他们开始这场计划已久的旅行时，他们下榻的旅店老板马克·塞巴从网络奢侈品零售商 Net-a-Porter 引退了。

"如果你需要一个在工作场合心怀感恩的例子，马克·赛巴的经

历再合适不过。"雅克在我们用勺子搅动美味蜂蜜时说道。

Net-a-Porter 的创始人娜塔莉·马斯内曾是一名模特和时尚记者，她很感谢塞巴在她创业过程中付出的一切。娜塔莉想公开表达对塞巴的感谢，于是筹办了一场正式的告别宴会。但娜塔莉又不想照搬现有的模式，她想办一场更用心、更令人难忘的送别会。

"马克就像往常一样来上班，"雅克笑着说道，"因为这是最后一周了，他想着可能娜塔莉会送他一个蛋糕，但实际上没有这么简单。"

娜塔莉为塞巴举办了一场融合了嘉年华和摇滚音乐会的派对，来自三大洲、不同时区的几千名员工聚集在一起，只为对塞巴说一声谢谢。

当塞巴乘坐扶梯走进伦敦分公司宽敞的办公室时，一群员工走出来迎接他，他们欢呼着、挥动着手里的标牌，有些人甚至爬到工作台上开始跳舞。一位穿着蓝色礼服的说唱歌手大声喊道"欢迎来到你的世界！"，然后身后的合唱团开始演唱阿罗·布拉克的经典歌曲《*The Man*》。杂技演员翻着空翻，桑巴表演者跳着舞步，钢鼓乐队在尽情演奏。歌词内容大致如下：

> 是时候说一声做得真棒！
>
> 你是最棒的，你是最优秀的那一个！
>
> 来吧，告诉每个人……
>
> 他就是那个男人，他就是那个男人，他就是那个男人！

　　远在香港、上海和纽约分公司的实时画面通过显示屏转播到伦敦总公司，分公司的员工聚集在一起，参加这场精心设计的告别仪式。他们像可口可乐广告里的人一样，快乐地歌唱着，挥舞着手臂。终于走到自己的座位时，塞巴发现娜塔莉·马斯内正在等他，娜塔莉微笑着递给他一杯黑咖啡。

　　这场欢送会花费不菲，但更令人印象深刻的是，有这么多员工愿意为此投入那么多时间和精力。因为时差的关系，有些地区的员工甚至需要在午夜赶到办公室。

　　用合唱团和全球员工的歌声表达感恩实属罕见，而且真的很美好。或许全世界的企业总裁和高管正渐渐了解到感恩是可以在工作中发挥美好作用的。

第三部分

在夏天练习感恩，
让我更健康、更有活力

Summer

第 8 章

感恩，一种让你更健康的生活方式

5 月的大部分日子都在寒风冷雨中度过，而 6 月的第一个周末，阳光灿烂、温暖宜人，于是我们决定去康涅狄格州的小屋度周末。罗恩走出车库，准备把室外家具搬回露台，我跟在他后面打算帮忙。

"这真的是男人干的活儿。"罗恩边说边搬起一张桌子，但看起来要搬动那张桌子需要的不止一个男人。

"你不需要我帮忙吗？"我问他，什么都没拿地跟在他身后。

"我一直都需要你。"因为桌子太沉，罗恩气喘吁吁地回答我，"比如，如果现在你说'真感恩我拥有这么强壮的老公啊'，那肯定会大有帮助。"

"我会在今天的感恩日记上写下这一条，"我高兴地说，"非常感恩我身边能有一位这么强壮的男人。"

把桌子放下后，罗恩走过来给了我一个"湿身"拥抱。尽管他曾取笑过我的感恩计划，但实际上我们的关系已经好多年没这么融洽过了，而且我们在一起的时候变得更快乐了。我的积极态度改变了我们的心情。

当罗恩知道不论他做什么，我都会努力看到好的一面时，他变得非常放松。今年之前，我们的关系一直都不错，除了偶尔会有点小摩擦。不过，像大部分结婚多年的夫妻一样，我们已经不再注意对方。

现在，我开始注意罗恩，他也如此。我们依然会时不时地发生争执，但很快就会和好。过去，我们常会花 3 天时间去解决一次争吵。现在，因为感恩的心态，和解的时间缩短到了 3 分钟。

感恩计划开始的第一个月里，我一直在对罗恩表达感恩和谢意。他曾开玩笑说："这样确实很美好，但我的老婆什么时候回来呢？"当表达感谢变成常态之后，他就一点儿也不想念以前的那个老婆了。

罗恩甚至开始在一些患者身上运用我的感恩生活法。有一位身体基本健康，但脾气有点暴躁、上了年纪的女士常去罗恩的办公室看诊。她常常和罗恩抱怨，诉说她的担忧。罗恩决定在她身上试试感恩疗法。

一次，当这个女士又来找罗恩看病时，在开了药并做了相应嘱咐之后，罗恩温柔地告诉她："在你离开之前，让我们花一分钟聊聊你为什么应该心怀感恩吧。"她很惊讶，但在罗恩的提示下，很快反应了过来，并告诉罗恩，她很感恩自己可以出门散步，尽管她的脚很痛；

还可以去孙子、孙女家做客，尽管她已经抱不动他们。"这些都是值得记在心里的美好。"罗恩说道。

经过罗恩的"治疗"，这位女士在离开诊疗室时感觉好多了，心情也更好了。罗恩比我认识的任何一位医生都更明白患者的需要，而且我很高兴他把感恩装进了自己的魔术口袋。

对消极反应来说，感恩是一种解毒剂

思考着罗恩的方法，我不禁猜测，既然感恩能够让人更快乐，或许它也能让人更健康。情绪会影响身体状况。我们每天都能看到简单的证据，比如，紧张的时候我们的手会颤抖，尴尬的时候我们会脸红，害怕的时候心跳会加速。

多位研究者曾研究过负面情绪对身体的影响，很多病症和愤怒、压力有关，比如糖尿病（压力改变了身体的胰岛素需求）、哮喘（悲伤的情绪可能会引发支气管收缩）。但反过来呢？如果负面情绪会让我们生病，那么像感恩这样的积极情绪可以让我们保持健康吗？

我已经从马丁·塞利格曼博士那里了解到，写感谢信并且当面交给那个人可以降低我们一整个月的压力水平。其他研究者发现，写感恩日记可以降低血压，改善睡眠状况。

我想了解更详细的情况，于是给马克·利波尼斯医生打了个电话。

利波尼斯医生是著名的峡谷牧场健康度假村的医疗顾问，也是中西医结合领域的专家。他的治疗方法需要我们把身体的每一部分和心灵融为一体，并结合使用一种健康生活的积极方法。

进行了愉快的交谈后，利波尼斯医生邀请我去度假村做客。于是几天后，我来到位于马萨诸塞州雷诺克斯的峡谷牧场度假村。我穿过拥有美丽田园风光的庭院，来到一栋建于 1897 年，如今已经修复过的大宅子。经过开阔的庭院时，我不禁停下脚步。庭院里放着一些椅子，供人安静地坐着遥望远处的山峰。把环境布置得如此清幽，似乎是想让脾气最暴躁的成功人士也放松下来欣赏眼前的美景。

走进宅子后，我偷偷瞄了一眼餐厅，感觉光读着菜单就已变得更健康了。食物的选择有很多，像是卤豆腐、鹰嘴豆沙拉、蔬菜汉堡、不含麸质的燕麦片和南瓜子等。每样菜品后面标示的不是价格，而是它们的热量值。楼梯的另一头是健康中心，相比医生办公室，这里更像是雅致的私人住宅。

利波尼斯医生几乎在看到我的同时就走出来迎接我。利波尼斯医生 50 多岁了，身体健康、外形帅气，穿着运动夹克和开领衫，集休闲和专业于一身。他带我来到他的办公室，那里的景色和外面一样美丽。

"我很高兴你正在写一部有关感恩的书。"利波尼斯医生的眼睛一边泛着光彩，一边对我说，"保持通透、感恩对健康非常重要。不快乐就不可能保持最健康的状态。"

利波尼斯医生经常治疗各种疑病症患者：他们大多身体健康，但想要变得更健康。

利波尼斯医生解释说，疑病症患者常会因为过去发生的某件事而感到不安、沮丧，或是因为担心未来的某件事而焦虑不已。

"思考过去或未来，是人们对这个世界感到心烦意乱的、仅有的两种方式。"利波尼斯医生告诉我。

所以，当人们找利波尼斯医生咨询时，他会问他们此时此刻感觉如何。在人们开始嫉妒、担心或沮丧之前，他会尝试帮他们理清思路。

"让我们先确保自己的手脚互相连接。"利波尼斯医生一边说，一边拍了拍自己作为示范。"好的，我拥有两条胳膊，两条腿。这是很好的开始。我可以用双眼看到这一切，而且我在呼吸，没有感觉到任何疼痛。今天我吃了东西，并不感觉饥饿。想到这些以后，哎呀，我想我感觉相当不错！"

我大声笑了出来，但我喜欢这个想法。我不会担心过去或将来，如果可以把握好现在，我相信所有人都会从中受益。我们都有两条胳膊，两条腿，还有一双可以看到一切的眼睛。但积极的态度和健康的身体之间有什么关系呢？

根据利波尼斯医生的观点，许多和健康有关的谜题，都和免疫系统有关。他告诉我，过去 10 年来，医学界最大的发现是，炎症在现代疾病中扮演着非常重要的角色，包括心脏病、癌症、糖尿病、阿尔茨海默病、脑卒中和其他许多疾病。炎症是免疫系统的一种压力反应，当白细胞为了解决它们眼中的问题而不断增多时，炎症就会发生。

在人类历史上，传染病是我们面对过的最大的健康问题。免疫系统的不断完善要归功于传染病，它经历了大量练习：那些能战胜斑疹伤寒、破伤风、白喉和痢疾的人才能生存下来，并把顽强的基因延续下去。其他人则会被传染病淘汰。

举例来说，当链球菌进入你的喉咙引发常见的链球菌性咽喉炎时，你就能感觉到免疫系统的作用。当白细胞涌出吞噬细菌时，你会喉咙发炎、红肿。它们会召集自己的同伴，共同制造抗体，释放必要的化学物质，这时流向这个区域的血液会增多。

在压力环境下，大约有 1 500 亿个白细胞在人体内流动，是普通情况下白细胞数目的 3 倍。化学的相互作用下，你的喉咙会红肿，除此之外，你可能还会有点儿发烧，感觉全身疼痛，因为当免疫系统开始运转时，不仅是感染部位，而是全身都会发生反应。

白细胞和炎症战斗之后会留下残余物质。科学家发现，这些炎症残余物质很危险。利波尼斯医生指出，曾经因为肺炎住院的患者在接下来的 6 周里，因为炎症感染患上心脏病的概率会翻倍。"相比 80 年以前，现在导致美国人死亡的前几大病因已经大不相同了。现在，大部分患者死于白细胞的攻击，而不是细菌感染。"利波尼斯医生说。

现在，让我们看看真正有趣的部分。研究发现，免疫系统可能对情绪产生反应。担心、生气或害怕的情绪会释放白细胞。即使没有需要攻击的对象，白细胞也会留下一串危险的炎症。心怀感恩可能有助于抵消这种反应，防止免疫系统失控。

"当你感觉到感恩、爱和同情时，身体释放的激素，和当你感到担心、焦虑或害怕时释放的激素非常不同。对于许多消极反应来说，感恩可能是一种解毒剂。"利波尼斯医生说。

但我的免疫系统怎么会知道我在写感恩日记，或是在感谢我的丈夫呢？我想象着这些小小的白细胞正在说："噢，她很开心！不需要巡逻了！"把化学物质人格化让我更容易理解现在的一切，不过，很幸运，科学家找到了别的解释。

感恩"吓跑"了我的偏头痛

据利波尼斯医生介绍，一位名叫坎德丝·帕特的神经科学家曾经恰当描述过这种联结健康和情绪的生理反应。坎德丝是约翰·霍普金斯大学的年轻研究生，她是发现阿片受体的第一人，指出在某些大脑细胞的表面，只有某种特定的分子可以附着。

坎德丝的巨大发现有助于我们理解内啡肽。坎德丝把内啡肽称为"身体自带的止痛片和狂喜诱导物"。

内啡肽和其他一些化学物质，像是多巴胺、血清素和肾上腺素等，一同被称为神经递质，因为它们会把情绪信息传递给整个大脑。

但坎德丝和同事意识到，这类信使细胞不仅存在于大脑，实际上还遍布全身。坎德丝把遍布整个身体系统的蛋白质或多肽类物质称为"情绪分子"。这些情绪分子在人体内不断循环分享信息。令人震惊的是，全身的白细胞都有表面受体，所以它们会附着在那些情绪分子上。如果你很不安，白细胞（一定）会发现，因为它们的表面受体会接收到相应的信息，然后白细胞就会采取行动。

在有些情况下，免疫系统根据我们的情绪进行调整是件好事。担心或害怕表明你担心受到伤害，所以当担心的激素在体内循环时，免疫系统已经准备好保护你了。如果"伤害"意味着受到长矛的攻击，那么那些提醒你调整状态的早期预警就非常必要，甚至可能救你一命，但如果仅仅因为 Facebook 上的一条不友善的回复就发生这种预警反应，则根本不必要。现代人的大部分忧虑，不会因为白细胞一涌而出、让人进入高度戒备状态而得到一丁点改善。但白细胞还是会履行自己的职责，并引发炎症。

感恩在让我们保持健康方面发挥的第一个作用，就是直接中和负面情绪分子。当感恩、爱和同情的激素在人体内循环时，白细胞会接收到一条信息：危险解除，一切正常。白细胞可以关闭它们的反应。"白细胞数目会减少，炎症分子的数量随之减少，人们会感觉更好。"利波尼斯医生说。

感恩可以让免疫系统避免发生不必要的预警反应。但只发送一次感恩激素不会产生持久或显著的效果，你得把这变成生活的常态。利波尼斯医生曾经把爱（Love）叫作维生素 L，所以，我告诉他，现在我会把感恩（Gratitude）叫作维生素 G。

"是的，维生素 G！而且要经常服用！"利波尼斯医生说。

虽然药店还没开始供应维生素 G，但利波尼斯医生每天都会尝试"自创"一粒。"当因为一件小事而难过时，我会停下来告诉自己，所有事物都是相对的。我一直在提醒自己，我是这个星球上最幸运的家伙。"

> 当你因为一件小事而难过时，请停下来告诉自己：我是这个星球上最幸运的人。
>
> *The Gratitude Diaries*

利波尼斯医生意识到，身边围绕的人不同，他的观点也会发生戏剧化的改变。我们相遇的时候，他刚从新加坡旅行回来，正计划让峡谷牧场进军东南亚。利波尼斯医生说，和"一群亿万富翁 CEO"一起时，自己这个"地球上最幸运的家伙"开始好奇，为什么自己这么努力工作，却仍然没能得到他们拥有的那一切。"这很奇怪！你会开始想自己值得拥有一切。身处在那样一个群体中，你会想要抓住属于自己的那份辉煌和生命。"

利波尼斯医生接着讲述了他和身为儿科医师的妻子在几个月前的一次旅行。那次旅行的目的地是老挝的一个贫穷山村。利波尼斯夫妇带去了一些药品，在一间水泥毛坯房里建了一间临时诊所，每天从早上 7 点工作到晚上 7 点，为排着长龙求医的几百人进行诊断治疗。有些家长为了给孩子看病，甚至连夜跋涉几千米山路。

回想起当时的情景，利波尼斯医生摇摇头，一脸苦笑。"他们没有衣服，没有食物，没有干净的饮用水，但仍然有快乐起来的方法。能拥有现在的一切，我真是太幸运了！"

相比与富人在新加坡充满压力甚至有一点嫉妒的旅行，最贫穷的老挝人的感恩之心和珍惜眼前的状态，更可能化解利波尼斯医生身体里的炎症。

"当我付出、帮助他人，而且没有任何期待时，会感受到一种无与伦比的满足。当你帮助他人时，会有神奇的事情发生。"利波尼斯医生说道。

因为有患者在等利波尼斯医生，我们匆匆告别。临走前，他给了我一个大大的拥抱，而且向我承诺，需要帮助的时候随时可以找他。来到室外之后，我在峡谷牧场度假村里散步，思考着感恩和免疫系统之间的关系，以及我的整个健康观是如何被彻底颠覆的。

我一直认为疾病是可以解释清楚的，比如，生病是因为有一种病原体或细菌在向身体发起攻击。但当我了解到，白细胞可以对我们的情绪做出反应，一切好像变得不同了。如果你的免疫系统知道你的情绪状态是倾向于感恩和爱，还是愤怒和害怕，一场感冒就不仅仅是一场感冒了。

我想对坎德丝·帕特了解更多，所以回家之后下载了她的电子书，观看了她有关情绪分子的演讲。我发现了一档 PBS 的特别节目，名叫《治疗与心灵》（*Healing and the Mind*），节目主持人是受人尊敬的、非常严肃的记者比尔·莫耶斯。

坎德丝用生动的语言向莫耶斯解释说，各种类型的受体会在身体内每个细胞上结一个坚硬的外壳。多肽类细胞是长串的氨基酸，就像珍珠项链一样，会抓住细胞表面的受体。神经肽最先被发现存在于大脑中，但现在，科学家在人体内的每个细胞里都找到了神经肽。"你身体里的所有反应都是由信使分子传输的。"坎德丝解释道。

莫耶斯仔细地询问，意识通过神经肽和身体沟通这一点是否正确。坎德丝犹豫了一下。作为科学解释，莫耶斯的表述是正确的，但坎德丝不会放过莫耶斯措辞上的问题。"你为什么要把意识和身体割裂开呢？"坎德丝问道。最后，莫耶斯给了她一个微笑，承认自己一直以来都被教授把意识和身体分开看待。坎德丝提出，是时候终结这场科学与意识的地盘之争了。

他们对此进行了深入探讨。当莫耶斯提出另一个问题时，坎德丝回答说："你的措辞是'我'，但你想的依然是自己的大脑。这个'我'

指的是你的整个身体。这就是身体的智慧。身体的每个细胞都拥有智慧。意识不仅限于脖子以上的空间。意识贯穿大脑和全身。"

坎德丝需要一种新的思维方式才能消除意识和身体之间的差异。把意识和身体视为一体的词汇根本不存在。多年来，坎德丝一直尝试从神经化学的角度证明我们直观看到的东西，即我们的身体会对我们的情绪状态做出快速反应。当我们担心、疲惫或充满压力时，身体会变得比较脆弱，所以才会得感冒、会背痛或犯胃病等。

我时不时会被偏头痛打垮。我一直以为那是由一些典型的触发物引起，像是红酒、芝士、巧克力等，但最后证明我错了。我试过在饮食里增加咖啡因，然后完全戒除，但没有任何差别。

我第一次严重的偏头痛发生于 10 年前。那天晚上我得去一家大型书店宣传新小说，所以一直怀疑那次头痛是压力引起的。但这个理论也不成立。宣传活动来来去去，但我并不是每次都需要服用止痛药。就算是在某个普通的日子，或者美好的一天，突然间，啪，我的头又疼起来，甚至到直不起身子的地步。

感恩可以治好偏头痛吗？这听起来有点儿迷信，但马克·利波尼斯可不是迷信的人，（据我了解）坎德丝·帕特也不是，而且他们都相信，积极的情绪会渗透人体的每一个细胞。

于是我决定，在下一次头痛欲裂时，闭上眼睛呼唤自己的感恩之心，感谢我的家庭、健康，以及生命中所有美好的事物。我迫不及待要试一试这个方法，但又意识到，感恩状态似乎已经让头痛偃旗息鼓了。上一次打开药箱服用止痛药已经是好几个月前的事了。

会不会是感恩激素让免疫系统解除高度戒备状态，从而改善了身体里的发炎状况呢？我的个人经验不能算严格的医学研究，但我很惊讶地发现，我的感觉已经好了很多。我最脆弱的压力点已经有一段时间没被触发了。

花点时间充分体验具体化的感恩

我因为获得了关于意识和身体的新观点而非常兴奋，于是想和琳达·斯通分享。琳达是我在几个月前的世界科学节音乐会上遇到的技术幻想家。这场音乐会由著名物理学家布赖恩·格林和他的妻子——获奖电视制作人特蕾西·戴共同发起。他们共同努力，把炫目的灯光、名人的声望和科学结合在了一起。

在音乐会上，琳达和我被安排坐在同一桌。那天晚上获奖的是遗传学家玛丽-克莱尔·金博士，她是科学界的摇滚明星，生物学家中的博诺。

金博士有两项重大发现，一是发现了和乳腺癌相关的 BRCA1 基因，二是发现了人类和大猩猩的基因有 99% 是相似的。金博士在阿根廷负责一个项目，寻找被阿根廷军事独裁政府偷走的孩子，然后用基因组测序的方法帮助他们找到亲生父母。

金博士高兴地看着百老汇演员在舞台上载歌载舞，庆祝着她的成功。她承认，科学家很少体验到这种被感谢的感觉。她在一次访谈中解释了为什么我们要尽可能抓住感恩。"我常常告诉科学家，当一项研究发现被证明是正确的时候，你可以为此高兴大约 20 分钟。很长一段时间里，每个人都会说'你错了，你错了，你错了'，明天他们又都会说'我们早就知道，我们早就知道'。所以，你得享受此时此刻。"

音乐会临近尾声时，我和琳达交流了各自的想法。我告诉她，这些天里，我似乎可以用感恩的角度看待一切了。晚餐结束后，琳达和我伴着爵士乐的旋律，走出了林肯中心大楼里的豪华包房。她边走边挽起我的手臂说："感恩？我们得聊一聊。"接着我们进了一个同样豪华的大厅，打算一起享用甜点。

我们坐在一张铺了软垫的长凳上开始聊天。谈到感恩的时候，我们的有些观点吻合了。接着聊下去，我发现我们的共同点越来越多。当晚，我们是最后一桌离开餐厅的客人。

在高新科技领域刚刚热起来的时候，琳达曾同时担任苹果公司和微软公司的高管，在业界因为多媒体和社交媒体方面的开拓性工作而闻名。琳达首创了"持续部分关注"（Continuous Partial Attention）这个词，指当一个人大部分的注意力集中在一项主要任务上时，还会关注着其他好几项任务，以防哪个领域突然冒出来一件重要或者有意思的事情。

琳达还着手研究当我们和科技打交道时，身体会发生什么反应。琳达讲到"邮件呼吸暂停综合征"，指当我们保持弯腰驼背的姿势坐在电脑面前时呼吸停止的现象。其解决方案是，留意自己的姿势和呼吸，至少每小时起身活动一下。

琳达告诉我，离开微软后，她遭遇了一系列挫折。她在西雅图的房子被烧毁了，并损失了许多财物。后来，琳达搬进一间公寓，但房间的自动喷水系统短路，房子被水淹了。最糟糕的是，琳达的健康出现了严重问题，包括下颚感染，并因此进行了几次痛苦的手术。

"我快受不了了。"琳达对我说。

琳达想扭转厄运，于是开始写感恩日记。但琳达说这是"在咬牙切齿地感恩"。每天晚上，她都会写下一些什么，但实际上并不是真正感恩。"相比用头脑感恩，我需要自己的身体、心灵和精神都感到感恩。"琳达说。

利波尼斯医生一定会喜欢琳达的方法，即处在当下，留意身边的美好。通过保持精神集中和头脑冷静，琳达试着让身体感受这份感谢，并向他人表达出来。琳达把这叫作"具体化的感恩"，我一听就喜欢上了这个词。

患上那么多健康问题之后，琳达开始思考如何运用科技改善健康和幸福。有一天，在给几位科技公司的高层主管作报告时，琳达佩戴了测量心跳的实验装置。当压力水平较高时，装置的显示灯会变红，冷静下来之后，显示灯才会变绿。琳达计划向大家演示有助于释放压力的呼吸技巧，那应该相当简单，但做了很多次呼吸练习之后，红灯还是顽固地亮着。

琳达思索着下一步该怎么做。她看了看台下的听众，意识到里面有许多曾经帮助过自己的朋友。琳达决定，暂停一下报告，向台下的听众表达自己的感谢。琳达选定了一位朋友，感恩之情涌上心头。

"我才刚刚开始，突然就听到台下有人喊'变绿了！变绿了！'。"琳达告诉我，直至今日，她都对这段经历感到惊奇，"表达感谢比任何呼吸技巧都能更深入、更快地改变我的身体反应。"

琳达试着将自己的发现应用在其他人身上。当微软公司的一名管理者向琳达抱怨压力太大，而且坚持认为呼吸技巧不管用时，琳达建议她想一想自己爱的或者感谢的那个人，并把实验装置递给她。思考开始了，但什么也没发生。大约一分钟过后，显示灯才变绿。

琳达告诉我，当时这位女士笑眯眯地对刚好在旁边的自己的丈夫说："不好意思，亲爱的，想你的时候灯没变绿，但想我们家猫咪时就变绿了！"

不论我们是感谢猫咪、丈夫、侍者，还是技术人员，压力水平都会降低，并（潜在地）改善我们的健康状况。关键在于，你肯花时间充分体验这种具体化的感谢。

即使在和病痛做斗争时，琳达也记得向一位常常关心自己的医生表达感谢。关注事物的积极面，让琳达不再感到绝望。当她开始留意身体中健康运转的部分，而不是不舒服的部分时，一切都变得大不相同了。

"快乐运动快把我搞疯了，因为它是二元的，只有快乐与不快乐之分。"当我们嚼着果仁当甜点时，琳达向我抱怨道，"真正的问题应该是，我要怎么做才能更加感谢此时此刻？或者是说，此时此刻，什么让我感觉很好？我们总能发现积极的地方，并感谢它的存在。"

午餐结束后，我在街上快步走着，十分感恩拥有自己健康的身体，于是想到利波尼斯医生的积极格言：我有两条胳膊，两条腿，我在呼吸，生活真美好。重复几遍之后，我忍不住嘴角上扬。

走到麦迪逊大道时，我注意到前面有位女士，修长的双腿、长发如瀑布般垂顺、身材跟模特一样纤瘦。

我经过那位女士身边，又回头仔细看了看她。她看上去非常健康：拥有红润的皮肤和紧实的翘臀。她正站在一家品牌店门口，这家店里一定有许多适合她身材的衣服。

我冲她微笑，她也回了一个微笑。她确实天生丽质，这样的面孔和身材可能会让我的人生更轻松，但我感恩目前拥有的一切。

正如利波尼斯医生指出的那样，我们已经过得相当不错了。

带着没有变瘦的身体回家时，我想到我们对健康的了解是那么多，又是那么少。并非所有疾病都由同一种心态导致，我们也不能仅凭意志力让自己健康起来。很多心态积极的人在很年轻的时候就得了重病。我们不能掌控一切，但可以尽可能为自己创造最好的条件。

"我有两条胳膊、两条腿，我正在呼吸，生活真美好。"

The Gratitude Diaries

我相信，这段时间的感恩态度改变了我的压力水平、激素水平、生理机能和发炎状况，这些变化足以"吓跑"偏头痛。或许哪天偏头疼又会出现，但我决定先好好享受此时此刻。

第 9 章

走进自然，
跟白云、绿树和花朵在一起

　　所有关于白细胞和炎症、压力和情绪激素的证据都让我相信，心怀感恩地生活会让身体更加健康。但我很想把这个等式倒转过来试试。某些肢体动作会让我更加感恩吗？这个月，我想看看自己是否可以通过锻炼、冥想或林间散步提高感恩水平。

　　意识和身体的关系是双向的，有时候你的身体会给意识下达要快乐、悲伤或感恩的指令。例如，研究者已经找到一种非常简单的让自己快乐起来的方法：如果你的心情很糟糕，拿出一支铅笔，把它水平放在上下牙齿中间，轻轻咬住，保持 10 秒。

　　感觉好一些了吗？铅笔会迫使你的面部肌肉保持微笑时的样子。在意识和身体之间的持续互动下，你的大脑会接收到你正在微笑的信息，所以判定你一定很快乐。

我认为我的大脑应该足够聪明，懂得如何分辨真正的快乐和咬铅笔引起的肌肉变化。但事实上，即使是我在世界科学节上遇到的天才，也可能无法战胜他们的生物反馈循环。所以，我该如何利用这些反馈循环让自己更加感恩呢？

我搜集阅读了所有和身心联系有关的资料，但至今没有人描述过感恩的身体触发机制。好吧，我会自己找出答案的。

首先，我阅读到哈佛商学院社会心理学家、副教授以及肢体语言专家艾米·卡迪的一项引人注目的研究。卡迪教授指出，我们如何在他人面前呈现自己，会影响他人对我们的看法，以及我们对自己的看法。人类和其他动物都会通过舒展的姿势表现自己的权力，例如，孔雀开屏以及大猩猩捶打鼓起的胸脯。你可能已经注意到，在会议桌上，那个自然伸长双腿、打开手肘的人可能就是老板（或是希望成为老板）；那个双脚交叉、缩起手臂、占用尽可能少空间的人，正在用自己的姿态表明他没什么权力。

卡迪教授还研究了反向的生物反馈循环。保持拥有权力的姿势真的可以创造权力吗？如果身体释放出"我很强大"的信息，意识会"听到"这句呼喊吗？

为了找到答案，卡迪教授和两位同事邀请了几十位志愿者来到实验室，并随机指定他们呈现"高权力姿势"（占据很大的空间）和"低权力姿势"（收缩四肢）。然后，研究者测试了这些志愿者的激素水平，包括和统治地位密切相关的睾丸素水平。结果非常惊人：当人们保持高权力姿势 2 分钟时，其睾丸素水平上升 20%，而且，压力激素皮质醇水平会下降 25%。

太神奇了！仅仅是手臂的姿势就能改变整个神经内分泌系统！

卡迪教授的实验证明了她的理论：除了"假装你已达成目标"之外，你可以"假装你已达成目标直到你真的达成"。

19 岁那年，卡迪教授遭遇了严重的车祸。有人告诉她，她永远也没法走路了。但现在，卡迪教授踏着高跟鞋大步流星。在那场车祸中，卡迪教授的脑部受到伤害，后来，即使成为普林斯顿的研究生，她依然觉得自己是个骗子，不配在那里学习。但最终，卡迪在他人的鼓励下完成了学业。

后来，卡迪教授开始激励他人寻找相信自己的方法。卡迪告诉女性们，在参加重要的会议或面试前，应该找个安静的地方，摆个"女超人"的姿势：两脚分开，双手叉腰。卡迪教授还研究了"重视自己"的价值，并表示男性可以通过向上伸展双臂获得自信。

不要低估大自然的治愈力量

我明白，权力与感恩的来源和本质都不同，但仍然好奇，如果让自己身处某个地方、摆出某个姿势或采取某种立场，身体的激素平衡会改变吗？身体会释放促使我们改变感觉和行为的信息，并形成感恩循环吗？似乎也不是不可能。

近期，瑞典的研究者发现，锻炼时，人体肌肉会创造大量分解犬尿氨酸的化学物质 PGC-1alpha1。这意味着，锻炼肌肉可以建立一种化学循环，从而避免情绪消沉。

长期以来，科学家一直猜想，大脑在跑步前和跑步后的反应会不同。通过 PET（正电子发射断层扫描）技术，科学家证明，人在跑步之后的大脑活动确实会发生变化，因为锻炼时血液中增加的内啡肽进入了大脑。换句话说，当你锻炼的时候，其他神经递质，像血清素和多巴胺等会发挥作用，对你的意识施展神奇魔法。

在知道锻炼可能提高感恩系数之后，我很兴奋，重拾去健身房锻炼的习惯了，开心地围绕椭圆机、健身脚踏车、跑步机甚至哑铃转悠。我隐约觉得会有些效果，但期待的洪水般的感恩之情并没有涌现。可能是我锻炼得还不够努力，还不能让大脑释放足够的内啡肽，而且健身房确实不是诱发感恩的好地方。

我有些朋友每天都去健身房锻炼，似乎很喜欢这样做。但我在健身房锻炼时，脑袋里想的都是以后，"以后我的身材会更苗条""以后我的血压会降低""以后我就有漂亮的肱二头肌了"。感谢自己在跑步机上度过的时光了吗？没有。

利波尼斯医生告诉过我，每天晚上入睡前，他都会做 10 分钟冥想，这有助于他更加集中精神和心怀感恩。

但在当今世界，人们冥想是为了控制情绪，为了让脑海里的充满压力的声音安静下来。一天当中，只有冥想的时候，你才可以把心神集中到当下，才可以躲避"应该做什么、可以做什么"等想法的轰炸。

我从来没有做过冥想，但也明白处于当下的价值。我惊讶地发现，任何让人全情参与的活动都可以帮我们摆脱脑袋里令人分心的声音，并让心中泛起积极的、正面的涟漪。可能这就是去健身房锻炼没有让我感到感恩的原因。在健身房锻炼时，我总是饱受噪声干扰。健身房播放的电视节目和劲爆的音乐，不会让人觉得放松，反而像是在完成一项枯燥无味的工作。

所以，我再次思考这个问题：身体处于什么样的环境，感恩之情才会自然流淌？我很快发现，能激发我感恩之情的环境都在室外，都在大自然里。

和罗恩新婚不久后的一天，我们牵手散步在几乎空无一人的沙滩上。脚下是绵软的沙子，背上是温暖的阳光。我非常快乐，感觉自己不仅和这个我深爱的男人，也和全世界建立起了说不清道不明的关系。我停下脚步，遥望远处的地平线，海浪拍打在脚背。忽然间，我顿悟了。"这就是为什么人们喜欢在沙滩上散步！因为他们可以在这里注视宇宙的广阔无垠！"我一边诗意地比画着，一边说。

那天，我的心头涌上那么多感受，原因可以归结为我拥有一位帅气的丈夫，但阳光和美景也让我对宇宙产生了感恩之情。我感谢整个世界，感觉自己和宇宙建立了新的联结。可能，在大自然中进行的任何一次能让我思绪自由飘荡的漫步，都将激发这种感恩之情。

我决定再做一次实验。在接下来的一个周末，我开车到 3 千米外的康涅狄格州，把车停在了胡萨托尼克河旁的一条小路边。看到白色的反光，意味着我已经正式进入 3 500 千米长的阿巴拉契亚小道，这是一条连通佐治亚州和缅因州的崎岖山间小路。这个美丽而宁静的地方让我感觉很好，它似乎是检验自然和感恩之间关系的完美场所。

我站在河边开始做出发前的准备，弯腰、压腿、拉伸肌肉。做好拉伸运动后，我戴上耳机，打开提前下载的播客节目，开始热身。仅仅过了几分钟，我意识到自己想要摆脱干扰注意力的声音。所以，我摘下耳机，把它收进口袋。

现在，我可以一边向前跑，一边听各种鸟儿的鸣叫了。我辨认出画眉鸟长笛般的叫声，这是我唯一可以辨认的鸟鸣。不知为什么，这种叫声让我非常快乐。我突然想起作家琼·沃尔什·安格伦德的一句话："鸟儿歌唱不是因为心中有答案，而是因为心中有歌。"

突然间，我浑身充满了感恩的能量，于是加快脚步。一边跑，我一边关注着身体的感觉。我感觉自己很幸运，拥有健康的肌肉和双腿。身旁的河水泛着粼粼的波光，头顶的绿叶形成天然的迷人帐篷。在斑驳的树影中慢跑，我不禁感恩之心涌动，就像在沙滩上漫步的那天一样，感觉自己和天空以及大地存在某种特别的联系。

我就这样慢跑了将近 1 小时，最后满脸通红地回到起点，快乐极了。我喘着气，双手叉腰，沿着河慢慢走了几分钟，思考着为什么这次经历让我的情绪发生了如此大的改变。因为我全身心地投入了。我真的觉得所有在这条小道上散步或跑步的人，都会感恩自己领略到了大自然的美。

在生理层面上，如果我像艾米·卡迪说过的那样，扮演 2 分钟女超人，同时提高自己的睾丸素水平，谁知道我能在这 60 分钟里跑多远呢？或许，这次慢跑让我的身体释放了一些积极的化学物质，让我感谢自己听到了所有闪过耳际声音，感受到了所有微妙却美好的感觉。

在瓦尔登湖边生活了两年多之后，美国最受欢迎的自然主义者亨利·大卫·梭罗明白了大自然的疗愈力量。梭罗不关心神经递质或压力激素，但他总结说"清晨的散步是对一天的祝福。"我的散步是在傍晚，但它也是一种祝福，并给了我一个心怀感恩的理由。

可能感恩的秘诀就是待在户外。第二天，我接着读相关研究，发现著名的哈佛大学生物学家 E.O. 威尔逊曾经用"亲生命性"来形容我们和自然之间的紧密联系。他认为这种联系由生物本能决定，一种我们和其他生命之间的本能进化联系。威尔逊强调，我们需要承认和自然环境之间的亲密关系，因为"我们的精神是大自然赋予的，希望来自我们与自然的关系"。

森林疗法：林中漫步 15 分钟，短期记忆改善 20%

回到现实，已经有研究发现，大自然是天然减压器，对我们的健康大有益处。大量证据显示，身处自然环境中（高山、树林、开满鲜花的草地），会对我们的身心健康产生积极的影响。

日本拥有大约 50 条被称为"森林浴场"的自然步道。与之相关的森林疗法得到了政府的支持，现在，日本计划拨款修建至少 100 条这样的步道。城市居民来到森林步道是为了远离科技产品，沉浸在大自然中。他们聆听鸟儿的啼鸣，呼吸新鲜的空气，嗅闻森林的气味。

森林疗法脱胎于佛教和神道教（日本）的"让自然融入你的生活"，但并不需要进行任何特别的神圣仪式。你只需要散散步，听听野鸭叫，在大石头边休息休息，享受茵茵绿意。科学家正在用山间步道进行医学研究，并发现，森林疗法可以降低血压，缓解抑郁。事实上，森林疗法不仅仅是一种身体锻炼方式，有研究发现，在森林中漫步比在城市中散步更能降低压力激素皮质醇的水平。

许多国家，包括芬兰和韩国，已经建起了自己的森林疗法中心，并投入数百万美元的医学研究经费。

密歇根大学进行的一项研究发现，身处户外可以大大提高人们的幸福感。通过比较接受过腹部手术的病患，得克萨斯州的一项著名研究发现，那些可以从窗口看到绿树的病患，比那些只能看到围墙的病患需要更少的止痛药，而且能够更早出院。

只是看到绿色就能让人变得更健康、更快恢复活力。或许，常被用作家居装饰的略微枯萎的榕树真的有作用，毕竟和大自然中的榕树在一起就可以让人更冷静，对周围的一切更感恩。

我电话联系了芝加哥大学的年轻教授马克·伯曼，他致力于研究自然、认知和情绪之间的神经联系。伯曼教授的研究结果简直让人惊掉下巴。

在一项研究中，伯曼教授邀请受试者散步 15 分钟，区别在于，一组人是在大自然里散步，另一组人是在城市里散步。接着，伯曼教授让两组受试者做了一项记忆力测试，并对比测试结果。伯曼教授甚至给受试者佩戴了 GPS 手表，以确保没有人作弊。测试结果显示，相比另一组受试者，在大自然里散步的受试者的短期记忆力改善了 20%。

身处优美的环境也能改善人们的心情。当伯曼教授让那些被确诊为抑郁症的病人尝试到大自然散步时，他们的心情和记忆力都获得了很大改善。

伯曼教授在多伦多担任博士后研究员时，负责过一个有趣的项目：用卫星图像计算城市绿化面积。然后，伯曼教授调来该城市市民的健康报告，包括糖尿病、心脏病、抑郁症和焦虑症的数据，并结合之前的城市环境数据进行比照分析。"研究结果表明，树木可以独立地发挥改善健康状况的作用。"伯曼教授说。

　　和大自然互动可以增强我们的联结感。在森林或在花园里漫步，是件有趣而赏心悦目的事。在大自然里活动可以刺激我们的感官，且不像看电视那样嘈杂或需要我们的全情投入。和大自然建立联结可以很好地释放压力，增强我们的感恩之心。

　　伯曼教授解释了其中的原因。在城市里散步时，我们的神经无法像在大自然中那样放松，也无法与周围环境产生联结感。许多人很喜欢在城市里漫步，惊叹于高耸的建筑物，或不停观察商店的橱窗。

　　但我们需要随时警惕城市里的噪声和人群，单单过马路这件事就需要我们绷紧神经。时代广场是个极端的例子，这里有无数霓虹灯广告牌和跑马灯似的反光玻璃，更不用提装扮成蜘蛛侠或赤裸牛仔的各色奇怪人物了。在这样的地方走路，你的大脑很难进入孕育感恩的放松状态。

　　我告诉伯曼教授，在纽约，我几乎每天都会走 1.5 ～ 2 千米，但去哪里走是个难题，毕竟正如他所说，在城市里散步似乎并不能改善心情。但周末的 1 小时林中漫步一直是我最大的幸福。认为大自然天然有激发感恩之心的功能会不会太过夸张？

　　"它当然可以。大自然能提高我们的幸福感，感恩也是幸福感的一部分。"伯曼教授说。

　　是的，感恩之心会让我感觉更好。

感恩花朵绽放、蝴蝶飞舞，努力感受宇宙之美

蕾切尔和斯蒂芬·卡普兰夫妇是密歇根大学的两位资深教授，伯曼教授就读研究生时曾和他们共事。卡普兰夫妇从十几年前就开始研究大自然的疗愈力。

他们解释说，当集中起来的注意力被破坏，我们就会感觉紧张。注意力被分散，或是变得非常全神贯注，都会令我们非常疲惫。自然状态下，我们的思绪会分散，也会重新汇聚。

卡普兰夫妇称，自然环境拥有软性吸引力，我们在大自然里可以放松下来，并适当做出反应，而不会感到压力很大。正如斯蒂芬教授所述："白云、夕阳、雨雪、微风中摇动的树叶，能以一种平淡无奇的方式吸引人们的注意力。"

确实如此，尽管你可能对平淡无奇有不同的理解。大自然可以缓解压力，提高我们的注意力。最新研究显示，大自然也可以提高创造力，可以帮助那些在集中注意力和智力方面有问题的孩子。

蕾切尔教授说，适合的环境可以通过恢复平衡感和意义感让人们的心理变得更健康。在一项早期的研究中，蕾切尔教授发现，那些从办公室窗口可以望见绿树或其他自然环境的人，会更喜欢他们的工作，身体也更健康，且拥有更高的生活满意度。

许多研究表明，置身自然环境中，我们的前额皮质（负责执行功

能的区域）可以放松下来。和白云、绿树和芬芳的花朵在一起时，我们的身体会进入一种舒缓的节奏，让我们和某种高于自己的存在建立联结，并感恩自己是这神奇世界的一部分。

在接下来的那个周末，我又去胡萨托尼克河边跑步。我发现自己的感觉刚好符合教授们的科学解释。我不需要思考任何东西，积极正面的感觉就涌上心头。甚至一直到晚上，我在写感恩日记的时候，都能感觉自己和宇宙建立了联结，而且非常感恩自己活着。

当时，我在河畔停站了很久，出神地望着脚边的小小漩涡和覆盖在石头上的天鹅绒般的青苔。这周早些时候，我约见了著名电影制作人路易·施瓦茨贝里。过去 30 年里，施瓦茨贝里的摄像机在全天候、无休无止地拍摄自然美景。施瓦茨贝里制作出一批延时影片，它们令人屏息惊叹：镜头下，花朵徐徐绽放，蘑菇撑起了菌盖，蝴蝶破茧而出，树木朝着天空伸展。

"这些画面可以建立起你与世界的联系，你可以真切感受到这些日常奇观引起的感恩共振。"施瓦茨贝里说，"地球磁场在一刻不停地振动，我拍摄并和人们分享的影片，记录的正是这种振动。甚至，在大脑开始运转之前，你的身体就会本能地体会到感恩。"

施瓦茨贝里还制作了一部名叫《生命之翼》（*Wings of Life*）的纪录片，全面呈现了蜜蜂和花朵之间的互动。"授粉是发生在花朵和蜜蜂之间的美丽爱情故事，这件小事每天会发生数十亿次。如果它不发生，这个星球上的生命将会变得完全不同。大自然每时每刻都在进行这样的互动，那是让我们心怀感恩的魔法。"

我迷上了施瓦茨贝里制作的影片，因为它揭开了肉眼难以捕捉到的大自然的谜题。"让我们感恩的就是这些小事，"施瓦茨贝里说，"人们珍视的是和家人、孩子共度的一个个美好片段，比如，啜饮着咖啡、享用着美味早餐的星期天早晨。那些时刻会令你敞开心胸，拥抱感恩。"

我知道施瓦茨贝里见过大自然的各种样貌，于是问他，什么景色依然会让他发自心底地赞叹并不由自主地驻足欣赏。

"对于花朵开放，或蜂鸟和蝴蝶飞舞的慢镜头，我百看不厌，因为我对这些景象有一种发自心底的感恩。大自然的美丽孕育了感恩。"

19世纪的自然主义者约翰·缪尔说过："通往万物的最明晰的路径，就是那莽莽森林。"当我行走在森林中，站在山巅，或遥望大海时，涌上心头的是那种我只能称之为感恩的情感。显然，缪尔和施瓦茨贝里在面对浩瀚宇宙时都体验过这种情感。

回家后，我注意到罗恩正坐在露台的躺椅上望着远山发呆。iPad放在腿上，但他似乎并没在阅读。

"你在做什么？"我问他。

"只是坐在这里。"我那位向来活泼好动的丈夫回答说。

我在罗恩旁边坐下。"那么，我也坐在这里。"

我们就这么静静地坐着，看太阳一点点躲到山后，看天空被一寸寸染红。我跟罗恩分享了散步的感受和"身处大自然可以激发感恩之心"的新理论。我们不需要刻意感恩自己身处在这里、在这世上，因为大自然会展示它的奇迹，我们的身体和灵魂都会自然而然地感受到这份深沉的感恩。

"除了可爱的地球，我的灵魂找不到其他任何通往天堂的阶梯。"我自言自语道。

"齐柏林飞艇乐队说的？"罗恩问道。

"其实是米开朗琪罗。他在绘制西斯廷教堂壁画的间隙在旁边写了几首诗。"

"真好。"罗恩拿起 iPad，没一会儿，我们耳边就响起了齐柏林飞船乐队的经典旋律。

"你是在挖苦我吗？"我问罗恩。

"不，我只是突然意识到你是对的。成为大自然的一员是通往天堂的真正阶梯。"

黄昏的余晖笼罩着树林，暮色中，罗恩握住我的手。我想着，曾有多少诗作和歌曲歌颂爱和大自然之美啊。不管我们沉浸在爱还是大自然中，灵魂深处都会涌起深深的感恩。这或许是因为身体释放了催产素、内啡肽或其他化学物质，它们将我们和更美好的世界联结在一起。也或许是我们感受到的快乐让我们心怀感恩。我们踏着感恩的阶梯，努力感受着宇宙之美。

第 10 章

最轻松的减肥方法：心怀感恩

感恩改变了我生活的方方面面。我开始思考它可以为我唯一的那件烦心事——体重，做些什么。我的身材一直不错，有时候甚至说得上非常棒。但和许多女性一样，我永远比理想体重重 5 千克。在过去这些年里，我曾经瘦身成功又反弹，再瘦身再反弹，如此反复无数次。我的臀部和小肚子抢占了我太多注意力。

罗恩一直不理解我为什么这么在意那个数字。他一直觉得我看起来很美（感谢他），而且作为一个瘦到皮包骨、可以对眼前的巧克力纸杯蛋糕视若无睹的男人，罗恩很困惑。因为我老是在向他抱怨完牛仔裤太紧后又吃掉一大盒岩石路冰激凌。

罗恩会尽量避免和我聊起体重问题，但有天早上，当我试穿一件纯棉针织连衣裙，并在镜子前左右打量自己时，他刚好也在房间。

"我不能穿这个，"我不禁抱怨道，"它让我的屁股看起来像罗得岛州那么大，你不觉得吗？"

"罗得岛是个很小的州。"罗恩说。

我气鼓鼓地叉着腰，面带不快地瞪着他："你这是在开玩笑吗？至少有 3 个州的女人会因为刚才那句话和你离婚。"

"我只是想描述得准确一些。我会把大屁股比喻成得克萨斯州，但你的肯定没有那么大。"

"可能是堪萨斯州吗？或者北达科他州？如果按照人口计算，是马萨诸塞州？"我努力不让自己的音调太高。

"我觉得你很美。"罗恩又说了这句他最喜欢的话。

我叹了口气，我知道这是我的问题，不是他的。我试着理性一点，于是向他解释说我是因为长胖了，所以心情不好，明明去年这条裙子还很合身。

"我去年怎么也没听你这么说过？实际上，我都不记得你曾经欣赏过自己有多美。"

我想否认，却做不到。我或许已经学会寻找生活中的积极面，但面对自己的大腿时，我无能为力。我或许可以将养成坏习惯的责任推给我的母亲。她结婚时腰围只有 53 厘米，常常因为姐姐和我不够瘦而责备我们。但现在我是个成年人，如果我不介意自己腰上有一点赘肉，那谁也没资格责备我。但如果我想改变，就需要行动起来。

"现在，我在健身房里，我有动力来到这里！"

当你感谢某样东西时，它就会自然保持良好的状态。在担任健康和健身作家多年之后，我了解了足够多的关于营养和锻炼的知识，所以不需要掌握更多有关减肥塑形的信息了，我缺的只是正确的心态。或许，感恩可以帮我做到这一点。

有一天喝咖啡时，我告诉朋友安西娅，自己很好奇是否可以通过保持感恩的心态减掉 5 千克。安西娅是一家公司的高管，头脑灵活、行事脚踏实地，但一点儿不觉得我的想法很奇怪。

"你得见一见我的健身教练，每次课程她都会以感恩作为开场。"安西娅说，"她觉得为了让身体变苗条、变强健就需要这么做。"

安西娅的习以为常让我怀疑自己是不是在无意中发现了一种新趋势。感恩成为新的无麸质减肥食品了吗？我想找出答案，于是很快和珍·阿博特取得了联系。

身材苗条、充满活力的珍·阿博特对我的到来表示欢迎，然后带我参观了她开设的健身房。和大多数播放着嘈杂音乐和令人兴奋的健身房不同，珍的健身房令我感到平静。

健身房的墙壁上用金色的潦草笔迹书写着鼓舞人心的话语（其中包括"心怀感恩"），我还注意到有扇窗户下摆放着一排蜡烛。珍向我解释说，每次锻炼开始之前，她的客户都会点上蜡烛，思考他们锻炼的目的。花一点时间深呼吸，"让自己沉浸在专注和感恩的氛围中"通常会让他们的锻炼效果更好。

珍自己是一名受过专业训练的物理治疗师，手下还有许多健身教练，会员客户多达上千名。珍一直很忙，甚至有一段时间要一边工作，一边处理离婚的问题，一边照顾两个孩子。"那段时间，我每天都是扛着压力上床睡觉，醒来之后常常感觉很糟糕。"珍坦白说。

当时的珍觉得自己过得也还好，直到从跑步机上摔下来。

"真的，我正在跑步机上跑步，突然间就摔倒了！"珍告诉我，现在还对这场意外感到惊奇。"受伤之后，我意识到驱使着我往前跑的是恐惧，而不是感恩和爱。我在正对床的天花板上写了两个词：信任和信念。我需要相信，我们会好的，而且认为'我可以感恩自己拥有的一切'。那条信念给了我继续前进的力量。"

离婚之后，珍带着两个儿子搬回自己出生、成长的小镇，开办了健身房。眼前的珍坐在一只很大的蓝色健身球上，看起来和其他人一样平静。

珍惊讶于支撑自己至今的感恩力量，想把这份礼物也传递给她的客户。珍留意到，很多人都是因为一种"缺乏"的感觉才来到这里。如果自己不够瘦，不够漂亮，不够苗条，我们就会感觉很糟糕。高强度训练和数不清的仰卧起坐并不能填满这种空虚和缺乏。

"如果我们侮辱自己，看轻自己，就会吸引更多糟糕的感觉。"珍认真地告诉我，"当你觉得自己又胖又慢又累的时候，你就会真的变成那个样子。你得提醒自己，'改变这种情况'。当你旁边的人在跑步机上奔跑，而你只是在慢慢行走时，不必觉得自己锻炼的强度不够，换个角度看待这一切：'现在，我在健身房里，我有动力来到这里！我有强壮的双腿，心肺功能也很健康！谢谢你，谢谢你！'"

当珍让她的客户心怀感恩时，效果立竿见影。他们在跑步机上的脚步会加快，会更加平稳。许多客户跟珍汇报说，当他们发现自己坐在沙发上想吃巧克力时，就会起身运动。我也告诉珍，自己最近了解到，感恩可以让人们更积极地投入工作，所以，感恩应该也对体重和健康有效。"但出于某些原因，对身体心怀感恩并没有让我变瘦，我还是需要再瘦 5 千克。"

"你很容易就会减掉 5 千克。你以前成功过，所以知道自己可以做到。"珍用鼓舞人心的口气说道。

"实际上，我不知道。我看着那条紧身牛仔裤，想象不出自己什么时候会再穿上它。"

"那就是你最大的问题！"珍说道，"你得相信才能做到！"

珍提议我在卡片上写下"谢谢你！"，然后把卡片放在床头，这样卡片就会是我每天起床后看到的第一样东西。

"我要谢谢谁？"我疑惑地问道。

"你自己啊。'谢谢你，我今天会好好吃饭。''谢谢你，总有一天我会变得和想象中一样瘦。'谢谢你，我会穿无袖连衣裙参加我的新书签售会，露出纤瘦的胳膊。'"珍微笑着说道，"每天花 5 分钟相信自己可以做到，然后感恩自己可以做到。"

珍喜欢到处粘便利贴，并建议我也在冰箱门上贴一张"谢谢你"的便条，以提醒自己感谢冰箱里健康的芹菜、胡萝卜和苹果；在镜子上贴一张"谢谢你"的便条，以消除那些消极的自我对话。

"如果你只想着减肥，就说明已经忘记感恩自己的身体很健康，感恩可以买到健康的食物，感恩今天天气很好可以出门散步。"珍说。

珍相信，消极的身体暗示会让我们远离感恩。因为认为自己太胖，担心没人会喜欢我们，所以选择穿着运动裤宅在家里，选择吃光自己的孤独和焦虑。这是个恶性循环，可靠的改善方法就是心怀感恩。

"发自心底地爱你自己。说积极的话语，感恩自己选择以这种方式看待自己！把你想再次穿上的那条牛仔裤收起来，对它说一声谢谢！相信它，感谢它！"

哇喔！虽然我近几个月都在关注感恩，但从没想过感谢自己，并对自己心怀感恩。我原本只是想采访珍，但进行了这场激动人心的对话后，我决定跟随她进行一场真正的训练。

一周后，我再次来到珍的健身房，穿着运动鞋和运动服。珍鼓励我想一个可以在锻炼时激励自己的词，也就是"咒语"。得知我的目标后，珍建议我选"肌肉"或"意志力"。但我摇了摇头。

"我觉得自己更会被'强壮'这个词鼓舞。"我想要身体更强壮一些，态度也更强硬一些。

"好的！"珍热情地回应我。她让我走到窗前点亮蜡烛，然后闭上眼睛深呼吸，想象自己已经很强壮了。我尝试着做，但感觉有点尴尬。作为一名记者，我更喜欢观察人们的经历，而非亲身体验，我非常想现场打开笔记本电脑返回记者的身份。但我按捺住了，让自己专注于当下。珍注意到我把手臂紧抱在胸前，于是提议我放松肩膀，打开怀抱。

"想象你苗条又强壮，而且已经可以穿进那条牛仔裤了！"珍说，"然后感谢自己是这么强壮。打开感恩之心：'谢谢你，我很强壮。'"

珍建议我开始踩健身脚踏车，以消耗一些能量。接着我们花了45分钟做了一次真正的锻炼：健身球练习、功能训练（下蹲、弓步和平衡等），还做了几次举重。我喜欢锻炼，所以完成之后感觉很好。

整套练习结束后，珍让我躺在垫子上伸展四肢，接着我们聊起了感恩。最后，珍拿出一张卡片，用红色记号笔在其中一面写上"强壮"，另一面写上"谢谢你，我很强壮！"。

"这是3个简单的步骤，先想着你的咒语'强壮'，然后想象自己真的变成了那个样子，最后说'谢谢'你！"

到家之后，我把卡片放在厨房柜台上。接下来的几天，每次路过那里，我都会驻足，微笑，思考。珍的感恩式锻炼真的让我感觉更强大了。但我知道，想象自己很强壮只是第一步。

"其实，相比运动，你吃了什么与减肥的关系更大。"珍提醒我说。

所以，我有了一个主意：我要制订一份感恩减肥食谱。

我在厨房里来回走着，发现到处都是食物：冰箱里有水果、蔬菜、酸奶、鸡蛋、芝士、芥末和橄榄；橱柜里有曲奇、麦片、面粉、汤、番茄酱、黄豆、扁豆和其他很多东西；冷冻柜里有冰激凌、鸡肉、比萨以及许多保鲜盒。

从历史、文化和宗教的角度看，我们必须对食物和富足心怀感恩，但我不记得自己曾经感谢过被装得满满当当的储藏室，我只是在饿了的时候就顺手拿东西吃而已。珍建议过我在冰箱门上贴"谢谢"便条，确实是个好主意。

神奇的感恩减肥食谱

你不需要成为美国老物件的"粉丝"，也能欣赏洛克威尔的代表画作《免于匮乏的自由》（*Freedom from Want*）。这幅画画的是一家人围聚在桌旁，为感恩节的火鸡感到喜悦的场景。

他的辛辣的画作《祷告》（*Saying Grace*）描绘了在一间拥挤喧闹的餐厅里，一位老妇人和她的孙子在用餐前低头祈祷的场景。原画于2013 年以 4 300 万美元的价格出售，可见我不是唯一被这幅画作传递的信息打动的人——"不论你身处何方，都要心怀感恩"。

最近，我听说有机饮食者更新了餐前祷告的内容，他们会在饭前花时间想一想种庄稼的农民，以及供这些农作物生长的自然循环。有位素食朋友告诉我，她常会拍摄农作物生长的土地。我实在想象不出自己在吃墨西哥煎玉米卷之前默想雨水轻轻落在玉米地里的情景，但我欣赏她的好奇心。

从实际和情感的角度来看，我们都有理由感谢业已拥有的丰富馈赠。法国著名香槟制造商凯歌香槟的前 CEO 兼《法国女人不会胖》（*French Women Don't Get Fat*）的作者米雷耶·吉利亚诺有充分的证据证明，她在乡间的女性朋友们之所以能保持苗条的身材，是因为她们会细细品味自己的食物。

当你花些时间仔细品尝时，即使是像酒、芝士和鱼子酱这样高热量的食物也会变得美味可口。胃需要 20 分钟来告诉大脑我们饱了，所以当你站在吧台边狼吞虎咽，大脑根本来不及接收你吃饱了的信息。

学习感谢食物可以让我更快乐、更苗条。这种方法似乎很简单，而且比我知道的大部分减肥食谱都合理。

我决定亲身实验。我求助于康奈尔大学教授布莱恩·万辛克撰写的《无意识饮食》（*Mindless Eating*）。万辛克博士是康奈尔大学食品与品牌实验室的负责人，正在尝试通过改变和食物有关的外部环境让人们更加健康。显然这种方法比依靠我们的愿望和意志力更有效。

万辛克博士很快就发现，我们会根据面前食物的分量决定应该吃多少。如果你用小一些的饭碗，就会少吃一些；用细、高玻璃杯喝酒或饮料会比用矮、胖玻璃杯喝得少。

万辛克博士称，因为人们需要一些视觉线索告诉自己什么时候不要再吃了，这也就是为什么不少食品企业开始以 100 卡路里为单位包装零食。

万辛克博士进行了一项令人印象深刻的研究：给电影院的观众发放免费爆米花。结果，那些拿到大桶爆米花的观众，比拿到中桶的观众多吃了许多。

在另一个有趣的实验中，研究者用不怎么新鲜的、尝起来像泡沫塑料的爆米花替换了新鲜爆米花，但观众还是吃掉了不少，而且据研究者所说，在那种情况下，爆米花桶的大小并不怎么影响人们的食量。

万辛克博士多次调整了这个实验，有时候用 M&M's 巧克力豆，有时候用小麦薄饼，而且变换不同的电影院和剧院，但得出的结果基本一致：拿得越多，吃得越多。

有一次，万辛克博士邀请学生们一起吃午餐，餐点是番茄汤。但大家不知道有些学生用的是配备了自动填满装置的碗（桌子下面隐蔽地接了一条管子，可以不断往碗里补充番茄汤）。

如果这些学生是根据胃的感觉判断是否饱了，那么不管碗里还剩多少汤，他们都应该会在感觉饱了时停下来。但结果发现，那些用

"神奇汤碗"吃饭的学生比其他学生多喝了73%。

最近，万辛克博士又做了几项研究，探索人的心情是否会影响饮食。他总结说："是的，会有影响。"当你感觉快乐，感觉和世界浑然一体时，可能就不会站在厨房的柜台边一勺一勺舀花生酱吃。处于气愤和感恩状态，或处于介乎两者之间的状态时，我们对食物的选择大不相同。

实际上，万辛克博士发现，心怀感恩能让你吃得比平时更健康77%。在我看来，那是个很大的数字，所以致电万辛克博士，想和他聊聊这个话题。

"食欲和当时的状态有很大关系。"万辛克博士说。听起来他似乎脾气很好、性格乐天，是那种相比巧克力，更可能选择菜花的人。"处于负面情绪中时，你就会想吃一些能马上让你感觉更好的东西。只有正处于正面情绪中时，你才会更多地思考自己的长期感受。"

改变情绪可以改变你的饮食习惯。在一项研究中，万辛克博士让受试者在吃饭前先写一个故事，只是一部分人的写作主题是人生中最快乐的一天，另一些人的写作主题是经历最糟糕的一天。结果证明，故事的主题对受试者影响很大，写"最快乐的一天"的人选择了更健康的食物。

大部分人不会在点芝士汉堡和薯条前先写一篇影响人生的文章，所以万辛克博士想是不是可以做一些更细小的改变。"我一直好奇人们到底会对真实生活做出怎样的干预。"万辛克博士猜测感恩这个简单的方法，或许可以让人们从感觉"不错"变成感觉"很好"。

万辛克博士曾让人们在吃午餐前，告诉他一件当天发生的、值得感恩的事。"那是午餐时间，所以没人说自己中了大乐透或孩子获得了优秀毕业生提名。"他哈哈大笑着说道，"让他们感恩的可能只是'我很感恩今天早上准时到了公司。'"

任何表达感恩的评论都会产生很大的影响。相比其他人，心怀感恩的人的热量摄入量要低 10%。更值得注意的是，他们会调整自己的饮食结构，更多地选择蔬果沙拉，更少地吃甜点。"就是这些蔬菜和水果，让他们的饮食比平时更健康 77%。"万辛克博士解释道。

万辛克博士"饭前感恩干预"的理念，与诺曼·洛克威尔的画作呈现出的世界相一致，是世俗版本的饭前祷告。"表达感恩并不是精神上的皈依，它适合每一个人。"万辛克博士这样保证。但你需要自己去做这件事，不能依赖其他人。"一家人做祷告的时候，获益的是那个说祷文的人，而不是其他跟着做的人。"

万辛克博士尝试用不同的方法进行"饭前感恩干预"：把心怀感恩的理由写在日记本上、告诉他人，或者小声地说给自己听。结果发现，小声地说给自己听和说给他人听一样有效。

"我可以只是在脑袋里想一想吗？"我想进一步推进这个概念。

"让感恩的想法变得具体有形会好得多。你不需要和其他人分享自己的观点，但至少应该告诉自己。你运动的肌肉越多，效果越好。"

在餐厅用餐前对自己说悄悄话，会让我看起来有点奇怪，但如果我可以因此吃得更健康，那也不介意人们投来奇怪的眼光。

对于我来说，通过感恩减肥比计算热量简单得多。所以挂掉电话之后，我细细回顾了这些研究结果，并着手制订饮食计划。我为感恩减肥食谱设定了 4 条规则。这些规则简单、直接，而且我相信它们会奏效。因为万辛克博士相信，合理饮食只和环境、心态相关，所以我决定给食谱取个令人印象深刻的名字。神奇感恩减肥食谱：

- 💌 开动之前，花 1 分钟感谢眼前的餐点。
- 💌 不论发生什么，坐下来吃。
- 💌 在胃里装满感恩，而非食物。
- 💌 只吃让我觉得感恩的食物（以我觉得舒服的量）。

这些事似乎并不难。有足够的证据证明，这些简单的步骤会帮助我吃得更健康。接下来，我开始构思感恩减肥计划的细节。

原则 1　开动之前，花 1 分钟感谢眼前的餐点

我关注食谱并尽情享受美食的频率如何？以前，在家吃早餐时，我会一边查看邮件或阅读最新的动态新闻。在餐厅吃饭时，我会和朋

友聊天，就算上菜了也几乎不会停下来。现在，我把更多注意力放在食物上。我设定了一条 60 秒规则：我会花整整 1 分钟去欣赏新鲜采摘的红通通的苹果、新鲜罗勒的香气、三文鱼的光滑表面。停下来欣赏食物的口感和香气可能会让我放弃油腻的松饼和甜腻的糖果。

原则 2　不论发生什么，坐下来吃

我知道自己在开车或街上行走时摄入过许多热量。我怎么可能对坐在 45 码车速的 SUV 车里吃到的东西心怀感恩呢？

美国有 20% 的食物是在汽车里被吃掉的。许多餐点的品质被外带打包破坏了，比如，健康酸奶变成了高糖分的酸奶条，麦片被制作成更方便的谷物棒。其实，原麦麦片又有多不方便呢？如果要认真坐在桌边吃小吃，我宁愿选择蔬菜沙拉或皮塔饼夹鹰嘴豆泥，并在吃下它们前好好欣赏一番。

原则 3　在胃里装满感恩，而非食物

当我和利波尼斯医生讨论减肥问题时，他指出，我们常认为自己想要的是食物，但实际上我们渴望的是友情、爱情、同情和感恩。食物可以安抚糟糕的情绪和孤独感。认为自己对巧克力上瘾的人其实只是渴望平静和满足感。但我们没有静下来思考真正的需求，而是任由自己大嚼特嚼。

"孤单和满足感的缺失常常是问题的关键。如果拥有更丰富友善的人际关系和有意义的交往，我们就不会诉诸食物了。"

吃过早餐后，正常情况下，我要到中午才会觉得饿。但如果我在上午写作，即使刚吃完早餐 1 小时，也可能因为没有写出想要的词句而溜进厨房。或许我这么容易饥饿有更深层的原因，我应该闭上眼睛，思考自己拥有些什么，以我对世界的感恩之情填补空虚。那种满足感会更持久，而且比巧克力曲奇饼的热量低。

原则 4　只吃让我觉得感恩的食物

感谢我的身体意味着，不要因为手边有许多"面粉白糖混合物"就随便拿来塞进嘴里，比如，圣诞节没吃完的盒装曲奇以及已经放置很久的金鱼饼干。说实话，我并不特别喜欢这些饼干，而且吃完之后的感觉也不怎么好。

通过观察自助餐厅的顾客，万辛克教授发现，身材苗条的顾客会在取食物之前先看一遍都有哪些食物，体重更重的顾客则会直接拿起盘子装食物。"他们不会直接取真正喜欢的食物，而是挨个吃所有的食物，就算有些不爱吃。"

我只把真正喜欢的食物加入感恩减肥食谱。初秋时节，我会从农产品直销店买来新鲜采摘的梅孔苹果，然后做成馅饼。当热腾腾的苹果馅饼摆在面前时，感恩之心怦怦直跳。但 6 个月后，我在杂货店买到的同一批苹果（被存放在冷藏库里 6 个月）尝起来跟网球似的。所以，新鲜的苹果可以列入食谱，"网球"则不行。

我挑选出自己会心怀感恩地吃的食物。健康的食物很容易获得，每个人都可以列出自己喜欢的新鲜食物。加工食品不在感恩减肥食谱之列，没人会在读了那些标签之后还对它们心怀感恩。那么，我在乡间别墅附近的小面包店购买的新鲜烘焙的特浓巧克力曲奇呢？它们让我很快乐，我很感谢自己咬下的每一口。我想了想，因为我计算的是感恩，而不是热量，所以巧克力曲奇也应该在食谱上。能吃一块我真正喜欢的饼干真好，而且才一块，还好还好。

就这样，满足 4 项原则的感恩减肥食谱诞生了。弄清楚我想感谢哪些食物，就足以改变我的饮食决定。我不再关注吃什么，而是把注意力集中在怎么吃，并感恩吃下的每一口食物。

把每一餐都变成一次庆祝

感恩减肥食谱制订后的第二天，我去曼哈顿开会。会议结束时已是午餐时间，我走到一家熟食店，想买一份百吉饼配奶酪。

突然，我想起了原则 2，我需要坐下来，而不是边走边吃。于是我去了几个街区之外的一家环境更好的小店，静静排在沙拉吧台前的队伍里。我试着只是去拿让我觉得感恩的食物，然后在餐厅靠里的一张拥挤的桌前坐下。刚准备拿起餐叉大快朵颐，我想起了原则1，吃下眼前的食物前，我应该先感谢它们。

我放下叉子，望着眼前的盘子，在心里默默感谢亮晶晶的蜜汁胡萝卜、豆腐上的黑芝麻以及翠绿的生菜。我想着，自己是多么幸运，可以吃到这么健康的餐点。我花了整整60秒感谢盘子里的食物。这1分钟比想象的要长，隔壁桌大嚼特嚼的两个人狐疑地瞥过我好几次。

"你还好吗？"当其中一人的眼神和我对上时，他问道。

"噢，是的，当然。"我说。我不想吓到他，所以没有提冰镇薄荷茶的香气有多好闻。

我一口口慢慢地吃着午餐，吃完后发现自己意外地很满足。这是我遵照感恩减肥食谱吃的第一顿午餐，甚至都不需要用纸杯蛋糕收尾了。

万辛克博士说，75%的节食者会在1个月内放弃，39%的节食者坚持不到1星期。但我没有理由放弃感恩减肥食谱。通过坐下来，好好观察我的食物，确定自己是否真的饿了，并只吃自己真正喜欢的食物，我可以把吃饭当成生活里充满乐趣的一部分，并没有感觉不满足或想否定这样的决定。

我的体重可能没有那些实行极端节食计划的人下降得快，但我也不会变得像他们一样古怪。我没有因为担心食物会让人变胖而害怕食物，而是把每一餐都变成了一次庆祝。

万辛克博士的研究有力地证明了，无意识饮食会让我们变胖。感恩减肥食谱鼓励我们进行有意识的饮食，我希望这种方法能让我健康地瘦下来。

现在，我的感恩生活已经实践了 3 个季节。我认识到，在夏天运用的感恩方法让我更健康、更有活力。感恩的态度缓解了压力，我很高兴，偏头痛再也没回来过。而且，在听取了健身教练珍关于积极锻炼身体的建议后，那张写着"谢谢你，我很强大！"的卡片被我一直放在厨房里。现在，我不再因为身体做不到的事情而折腾自己，而是骄傲于它能做到的事情。

遵照感恩减肥食谱让我感觉非常好。更加感恩吃下去的食物，让我重新掌握了控制权，而且节省了不少开支。我决定不再使用体重秤，因为我想全身心地感恩身体和吃下去的食物。

但事实上，那条以前快要穿不下的牛仔裤却变松了。再过一两周，或许我会重新试穿那件海军蓝的针织裙。

感恩日记

The Gratitude Diaries

第四部分

在秋季，收获一个
随时充电的记忆宝库

Autumn

第 11 章

始终感恩生活，奇迹就会降临

　　我的好朋友罗丝给了我几张纽约大都会歌剧院《蝴蝶夫人》的门票。第一场演出就非常震撼人心：舞台惊艳，歌声令人赞叹。

　　罗丝为我准备的是贵宾席第 7 排的座位，这是我第一次在歌剧院现场看清舞台上的表演，并跟上故事的节奏。观看其他演出的时候，我的座位往往距离舞台太远，只能看到仿佛银河系一般闪耀而模糊的舞台。但这一回，舞台近在眼前，我仿佛置身天堂。

　　幕间休息时，罗恩和我穿过铺设了红毯的阶梯，来到歌剧院内设的咖啡馆。领班带我们来到一张布置精美的餐桌前，桌上已经准备好了餐点：我的巧克力慕斯蛋糕和卡布奇诺咖啡，以及罗恩的提拉米苏蛋糕和茶。我们轻轻坐下，尽量憋住不笑出声。这一切比我们期待的要精致许多。

"再和我说一遍，你是怎么认识这位令人难以置信的罗丝的？"罗恩一边用勺子吃蛋糕一边问。

"她是一位新朋友。"我含糊地回答。

"告诉她，我们很感谢她的心意。"罗恩咧嘴笑了。

第二天，我想送罗丝一些兰花以示感谢，但发现自己应该感恩的远不止歌剧院的美好经历。罗丝风趣、聪明、古灵精怪，非常有魅力，有她在的地方一定不会冷场。除了这些，罗丝还让我知道，尽管生活充满坎坷，但心怀感恩可以让最糟糕的事情产生好的结果。

其实，让我觉得歌剧院那晚无比幸福的是我最开始的无比悲惨。当时，我刚辞掉杂志社的工作，正在抱怨世界的不公平。接下来我可以做些什么呢？在加利福尼亚生活的哥哥雪中送炭，为我介绍了几个进入科技行业的机会，但这些工作和我之前做的完全不同。

进入科技行业没多久，我受邀在一场会议上发表演讲。会议当天，我遇到一位女士，后来她邀请我参加一场慈善早餐会。餐会上，我旁边坐的正是罗丝，后来我们合作了一个商业项目，并最终成为朋友。

离开杂志社时，我根本不觉得有任何值得感恩的地方，但你永远不会知道新机会将带你去哪里。

史蒂夫·乔布斯在斯坦福大学的一场毕业典礼上讲过这句话："往前看，你无法把这些点滴串联起来；只有回头看的时候才可以。"乔布斯讲述了自己在 30 岁被苹果公司开除时是多么震惊，那里曾是他事业的起点。但离开苹果公司后的那段时间，才是他人生中最富创造力的时期。在这段时间里，乔布斯遇到了他的妻子，成功创办了像皮克斯这样的公司，然后以胜利者的姿态重新回到苹果公司。"有时候，生活会往你头上拍一板砖，但不要丧失信念。"乔布斯这样说。

今年，我多次见证感恩把平淡乏味变得真正令人满心喜悦。另外，感恩也可以成为生活中各种问题的解毒剂，帮助我们客观地看待它们，减轻痛苦。放眼世界，相比他人面对的不可解的问题，我遇到的不幸真的非常渺小，所以我应该心怀感恩。

但也有许多研究表明，不论何时，我们的内在感受和外部环境并没什么关系。我们眼中占尽优势的人可能脾气古怪、常常不开心，而那些身处困境中的人反而感觉很好，能够高高兴兴地向前迈进。

修道士大卫·斯坦尔德-拉斯特已经教授感恩多年，他用一句很简单的话对感恩作了解释："不是快乐让我们感恩，而是懂得感恩让我们快乐。"

当我们在困境中挣扎时，会觉得自己遇到了世界上最大的麻烦。但这一年来，我一直在学习从另一个角度看事物，抱持多一种观点。

17世纪英国诗人约翰·弥尔顿在他的神话史诗《失乐园》中写道："路途漫长而艰苦，一出地狱即光明。"这个月，我想看看感恩如何帮助我们从黑暗走向光明。

生活是随机的，不论发生什么都请尽情享用

我约了很久没见面的前同事洛拉喝咖啡叙旧，与她谈起了这个持续一整年的感恩计划。"你应该和我一起参加一场匿名戒酒聚会。感恩在这些聚会里作用显著。"洛拉说。

面对洛拉随口发出的邀请，我问她已经参加匿名戒酒聚会多久了。她说已经有 20 年没怎么清醒过了，这 20 年里每周至少会参加一次（经常是一周多次）。

我虽然不喝酒，但洛拉的聚会在每月最后一个周一允许访客来访，我不想错过机会。那天晚上，我们一起吃了晚餐，然后来到了街对面的一间老教堂。我不知道自己会看到什么，可能是一些阴暗的场景，憔悴的面容，呆滞的眼神，就像电影《失去的周末》中的可怕场景。

我紧张地跟在洛拉身后，走上一条狭窄的楼梯，进入一个专为女性会员准备的小房间。走进房间的那一刻，我脑海里所有关于嗜酒者的刻板印象都被驱散了。憔悴的面容和呆滞的眼神都没有出现，坐在房间中央凳子上的许多女性都年轻靓丽：长长的头发，苗条的身材，穿着紧身牛仔裤。聚会开始前，几位穿着考究的女性匆忙赶到。她们可能是企业主管，聚会开始前，她们细心地关掉了手机。

这周的聚会主持人惬意地盘腿坐在一张大椅子上。像洛拉一样，她已经很多年没清醒过了，她说自己在喝酒时感觉到了"刻骨的、

刺穿灵魂的痛苦""我每天都想死一次"。

从开始戒酒起，洛拉就列了一份感恩清单，提醒自己"我一直很努力地想解决酗酒问题，现在我可以努力学习如何心怀感恩了"。

其他人坐成一圈。大家传递着一个计时器，以保证想发言的人就能讲上几分钟。

几位年轻女性感谢了聚会主持人对她们的鼓励。有人说，自己非常感恩拥有团队的支持。有人提到，她"对所有曾经发生过、现在已经不再发生的事情心怀感恩，比如，停电的夜晚以及早上在陌生的床上醒来"。洛拉说，有时候她希望自己可以把过去抹掉，但她只能继续前行，并且"对自己可以带去未来的能量和快乐心怀感恩"。

感恩并不是唯一的主题，但很多人多次提到了感恩。洛拉和我一起坐在圈子外面，一边静静聆听，一边织着围巾。

回到街上，洛拉担心地看着我说："我试着从你眼里看到感恩，想象自己也是第一次来到这里。"

我告诉洛拉，我为聚会中的女性的温暖、善良、积极而感动，听她们用感恩慰藉、治疗自己，给自己希望，我感觉也获得了滋养。在参加聚会前，我查阅了匿名戒酒协会的宣传资料，知道协会的原则之一是"诚实地面对自己造成过的伤害，真正为自己获得的祝福心怀感恩，而且愿意积极争取未来可以获得的更好的东西。"听起来像是明智的整体生活规划。

洛拉和她在匿名戒酒协会的朋友不能改变过去发生的事情，但就像希腊哲学家爱比克泰德教我们的那样，"真正重要的是他们现在如何回应"。外部事件或许由命运决定，可能超出了我们的控制范围，但我们可以决定自己怎么看待它们。爱比克泰德说过："如果有人不快乐，让他记住，不快乐都是因为自己。"

但如果过往事件的毁灭性超出寻常，感恩会不会失效？我打电话给我的朋友杰姬·汉斯。感恩一直是杰姬最喜欢的几个话题之一，尽管她遭遇过一场几乎难以想象的悲剧。

2009 年，纽约塔科尼克州公园大道发生了一场可怕的交通事故，杰姬 3 个可爱的女儿——埃玛、艾莉森和凯蒂，当时分别只有 8 岁、7 岁和 5 岁，在事故中丧生。更糟糕的是，当时开车的是她嫂子。毒物测验显示，她嫂子当时有酒精和药物的问题。

杰姬曾经是一位慷慨、风趣的全职妈妈，突然就落入了万丈深渊。她的丈夫也深受打击，自顾不暇，无法帮助杰姬渡过难关。当时，杰姬甚至一心想去天堂和女儿们相聚。杰姬是一名虔诚的天主教徒，她去见了几位神父，确定上帝会理解她的决定。

这时候，杰姬的朋友们下定决心要帮她重拾生活的勇气，于是开始了一项计划：每人轮流去杰姬家，确保 7 天 24 小时一直有人陪她。她的朋友们给她做饭、打扫，陪她晨跑，带她看医生，帮她报名参加保龄球队，邀请她外出购物……在朋友们的忠诚守护和无私奉献下，杰姬在难以忍受的黑暗中发现了一丝光亮。

我们第一次见面时，距离事故发生大约过了 18 个月。杰姬看起来非常脆弱，我担心她随时会撑不下去。杰姬的眼神痛苦，精神萎靡。但当我们聊到她的朋友们时，杰姬的态度完全变了。

"我拥有世界上最棒的朋友。我感觉自己拥有令人难以置信的幸运。我每天都对他们非常感恩。"杰姬说道。

我很惊叹，在经历了所有这些以后，杰姬还可以用"幸运""感恩"这样的字眼形容自己。杰姬的心理负荷能力超乎我的想象。杰姬脆弱的身躯下蕴藏着强大的力量，正努力让自己重新快乐起来。

我们决定合著一部书，对我们双方来说，这都是愉快的合作。杰姬想把女儿们的故事讲给我听，想让我向大家传递这样的信息：生活是未知的，可怕的事情可能时常发生，但即使最糟糕的事情发生了，你依然可以继续前行，找到感恩的理由。

后来，杰姬和我一直保持着联系。出国旅行时，路过历史悠久的教堂时，我会为杰姬的女儿们点上 3 根蜡烛，希望可以带她们看一看未曾有机会看过的地方。我不信奉任何宗教，包括天主教，但杰姬每天早上有勇气爬出被窝，令我非常佩服。我常常思考，到底是怎样的精神让她坚持了下来，感恩又在她生命里占据了怎样重要的地位。

我给杰姬打电话，询问她的近况，顺便聊聊我这一整年的感恩计划，听听她最近的想法。

"每天，我都在努力寻找心怀感恩的理由。"杰姬说，"每天早上，我会写一份感恩清单，并在接下来这一整天里一直带在身上。"

杰姬告诉我，通常，她会很早起床，接着和朋友们一起出去跑步。在户外跑 10 千米左右总能让她心情变好。在 6∶30 左右，杰姬回到家，她会选择独处一会儿。"那段时间，我会让自己沉浸在悲伤中。我会花 5 分钟哭泣，因为我很想念我的女儿。然后，开始写感恩清单。"杰姬说道。

我在脑海中描摹着杰姬独特的生活轨迹：奔跑、哭泣、心怀感恩，然后继续生活。失去女儿的痛苦可能永远不会消失，但只要杰姬决定暂时不去天堂，就会努力不被愤怒、怨恨和绝望压垮。在我认识的所有人中，杰姬最了解珍惜生命的每一分钟是什么意思。"如果我要活着，我就要活得精彩一些。"杰姬说。

事故发生之后，有一次，杰姬在观看奥普拉的节目时听一位治疗师解释说：人在心怀感恩的时候，是没办法悲伤的。当时，杰姬正在悲伤的黑洞中挣扎，无法想象自己是否能生还。精神科医师已经让她吃过抗抑郁药、安眠药和镇静剂，所以感恩清单似乎也不算什么额外的负担。但杰姬很快意识到，感恩和其他药物的效果一样好。最后，杰姬停掉了许多药，但永远保留了感恩清单。

"现在，你可以自然地做到心怀感恩吗？"我问杰姬。

"不行！"杰姬大笑着说道，"我每天都需要列感恩清单。对我来说，写感恩清单需要费些功夫，我得一直提醒自己不要忘记这项任务。但感恩的感觉会持续下去，所以这一切都是值得的。"

当再次怀孕时，杰姬加倍地感恩。她最小的女儿凯蒂出生后，杰姬就做了输卵管结扎手术，所以她只能通过试管婴儿手术受孕，而试管婴儿的费用相当昂贵。杰姬原本已经放弃再要孩子了，直到一位名叫泽夫·罗森瓦克斯的医生提出要免费帮杰姬做试管婴儿手术。

杰姬可以想到的最诚挚的礼物就是给这个天赐的宝宝取名为凯茜·罗丝，罗丝是罗森瓦克斯医生的中名，以向他致敬。（凯茜的名字有着深刻含义，Kasey 用上了杰姬失去的 3 个女儿的名字的首字母。）

杰姬说："现在，在撰写感恩清单时，我知道自己不能只对凯茜感恩。"

"那么，现在你对什么感恩？"

"噢，我不知道。有时候，我感恩的是很微小的事情，像是洒在我脸上的温暖阳光。还有一天，我开始感恩我的腿。谁会停下来感恩自己拥有一双腿呢？但对我来说，这双腿是很强大的工具，而且，如果我不能跑步，真不知道还能做什么。"

像杰姬这样懂得感恩的人会创造一个给予的光环，立刻就会让你想要和她互动。在观看奥普拉的节目时，杰姬听到奥普拉鼓励观众远离那些散发负能量的人，于是马上给自己的朋友让尼娜打电话，确认自己算不算这类人。

"不是，有段时间你的状态确实很糟糕，但我们依然能感觉到，在冰冷的外表下，你拥有一颗积极乐观的心。"让尼娜对杰姬说。

即使有了让尼娜的回复，杰姬还是尽力让自己摆脱消极的心态。她希望是那个把能量带进房间，而不是一点点吸走的人。我非常惊讶，有多少处境和杰姬类似的人会担心自己太消极？就算她在咆哮、哭泣中度过余生，成为地球上最悲伤的人，相信其他人也都能理解。但杰姬想要感恩地活着，而不是沉浸在悲伤中。

在我们电话聊天之后不久，杰姬寄给我一封长信，这是杰姬在二女儿艾莉森 13 岁生日那天写给她的信。杰姬的信非常动人。她告诉艾莉森，自己是如何想念她，如何想在她身边为她庆祝生日。杰姬写道，对于她或任何一位家长来说，失去孩子都是一件令人肝肠寸断的事。她还提到，有时候自己的眼泪怎么都止不住。接着，信的核心部分来了。

今年，我送给你的生日礼物就是这张感恩清单，上面记录了自从你去天堂之后，我学到的需要心怀感恩的理由。

杰姬告诉女儿，这次事故让她明白了什么是真正的爱，学会了对自己的信念心怀感恩，对人们做的哪怕很小的事心怀感恩：朋友的祈祷、寄来的卡片、带着咖啡的偶然来访，帮忙照顾凯茜 1 个小时（让她有一会儿悲伤的时间）……对杰姬来说，这些意味着整个世界。但这还不是信的全部，杰姬一共列了8条让人心怀感恩的理由。这封信读得我泪如雨下。杰姬失去了那么多，但她依然可以对拥有的一切心怀感恩。

和杰姬、洛拉的交流让我开始思考，为什么感恩和困境如此密切相关？杰姬做不到对那场事故心怀感恩，但和洛拉一样，杰姬也想找回一些快乐，于是开始"蓄意感恩"，坚持写感恩清单，有意识地寻找感谢世界的理由。

她们让我想起大学时认识的一个家伙——杰米·麦克尤恩。杰米比我年长几岁，是个传奇人物。为了参加奥运会皮划艇激流回旋项目的训练，他曾休业一段时间，并最终获得了季军，成为第一个获得该项目奖牌的美国人。

上大学时，杰米是摔跤队成员，我当时是校报记者，负责报道摔跤队的动向。我喜欢看杰米摔跤，他帅气、强壮、聪明，眼神时而透出一丝傲慢。

后来，杰米娶了同班同学桑德拉·博因顿。桑德拉是知名的童话作家和贺卡祝词创作人。我和麦克尤恩夫妻保持着断断续续的联系，知道他们在康涅狄格州的莱克维尔市郊有一栋宽敞的房子，和4个孩子、几条狗一起生活，以及杰米把附近的一条河变成了皮划艇激流回旋项目的练习赛道。完美的夫妻，完美的生活。

　　几年前，当得知杰米刚被确诊为多发性骨髓瘤（一种血液癌症）时，我惊呆了。杰米夫妻、我、罗恩一起吃了晚餐。杰米在接受治疗期间也常和我聊天。

　　大约一年前，我驾车去莱克维尔拜访他。过去那个强健有力的杰米消瘦了，看上去甚至还矮了几厘米，但他的游戏精神丝毫未减。他已经接受了多轮药物试验，但都不怎么奏效。我们聊到感恩，杰米露出他迷人的招牌笑容。

　　"感恩？见鬼，还有别的吗？"杰米问道。

　　杰米很爱桑德拉和孩子们，而且很感谢依然可以和孩子们一起去滑雪、旅行。过去，杰米会和儿子德温一起比赛皮划艇，但现在只能拿着秒表站在岸边。但看儿子划皮划艇也让他感觉很快乐。当你已经做不了某些事情的时候，你要做的就是感恩于自己还能做的事情。

　　我敢肯定，杰米在独处时一定会陷入绝望，但在大家面前，他依然表现得积极乐观。杰米会在博客定期更新治疗过程。接受干细胞移植手术，住院两周之后，活着似乎就是一份很棒的礼物。"我昨天下午出院时，感觉自己再次充满了活力。我在外头走着、逛着，寻找着五月花朵。站在温暖的阳光下，顽强先生的眼里盈满了泪水。"杰米在博客中这样写道。

　　如果连杰米都能做到心怀感恩，我们就更没有借口做不到。我问杰米他的秘诀是什么，他说其实很简单：你只需要记住一点，感恩可以击败绝望，让你心怀感恩地生活下去。

那是我最后一次见杰米。听说他辞世的消息时，我难过极了。杰米乐观积极的精神应该能让他一直活下去才对，但癌症、生命、上帝和达尔文并不这样看。

杰米把灿烂的笑容留给了世界，而且不论遭遇了什么，一直对生命心怀感恩。我们无法知道自己还能活多久，所以只能珍惜现在的每分每秒。我很感恩他曾经出现在我的生命中。

简·格林是一位畅销小说家，我和她认识是因为工作。当时我代表《大观杂志》请她对演员休·格兰特做一次封面专访。

但最近，我听说简患上了恶性黑色素瘤。约她喝咖啡时，她刚坐下就告诉我手术很成功。在感恩摆脱了癌症的同时，简还感恩丈夫、生活、家庭和朋友——手术前她就是这么做的。

"确诊之后、手术之前的那段时间应该是最糟糕的，但实际上并不是。"简甩了一下浓密的卷发接着说，"我突然进入了一种特别感恩的状态。我眼里所有的一切都变得更美好了。我从没预料到会这样。或许在发现生命有限、来日无多时，我们会更珍惜拥有的一切。"

被确诊患黑色素瘤之后不久，简每天都会收到一位朋友的短信，当时那位朋友的生活正乱作一团：和妻子分开，见孩子需要先跟妻子谈判，搬进环境糟糕的公寓，且被炒了鱿鱼。但他每天都会列一份感恩清单，然后发送给简。简很惊讶这位朋友在如此痛苦的状态下，还能在每天早上清醒地决定"要感恩地度过这一天"。

"亲身体验之后，你才会明白感恩的巨大力量。"简决定把朋友作为榜样，感恩地生活。尽管对治疗结果没有把握，简依然很努力地保持积极。手术之前，每当害怕的时候，简都会通过想3条感恩理由让自己振奋起来。

简大笑着说："我是有意识地这么做，因为我不认为任何人可以在偶然间变得感恩，但你感恩的次数越多，它就会变得越自然。"简知道自己不能预测或改变治疗结果，所以让自己尝试接纳和感恩于现实。

"愤怒于一件不遂心的事会浪费非常多的能量。和生活对抗是出现问题的原因。当你可以接受生活本来的样貌，就离找到平静下来的方法不远了。"简说。

简告诉我，手术之前她不断祈祷。"我没有祈祷自己会痊愈，因为我不认为这样做会对结果产生任何影响。我祈祷自己可以获得力量和恩典，不论发生什么都可以安然应对。"

杰姬、杰米、洛拉和简都面临艰难的境况，但他们没有崩溃或投降，而是选择用感恩支撑自己继续勇敢前行。他们是有意识地用感恩清单或感恩日记提醒自己。在任何环境下，我们也都可以这样做，它能让你从伸手不见五指的黑暗中找到一丝光亮。他们都不止一次这样做，而是每一天、反反复复地有意识地感恩。你几乎可以想象出他们默默努力、保持感恩的身影，他们也因此获得回报。

当我搜寻其他在困难时期学会感恩的人时，脑海中一直闪现出囚犯的形象。不一定是犯下滔天大罪的一级重犯，从打架斗殴到金融诈骗，各种罪行的人我都想到了。他们中有许多人声称监狱是他们可以想象的最棒的地方。一名运动员形容坐牢是一件"非常好的事情"，而且"有点感谢"自己进了监狱，因为他在监狱里又燃起了训练的热情。一名刚刚刑满释放的政客表示，很感恩自己可以成为更好的人、更好的父亲。

为什么这些囚犯会对大部分人避之不及的环境心怀感恩？和杰姬、洛拉、杰米不同，他们不是在遇到糟糕境况时依然努力心怀感恩，而是因为陷入其中而心怀感恩。所以，和我的朋友们"蓄意感恩"不同，我决定把这种感恩叫作"触发式感恩"，这是一种无意识的反应，让我们主动在困境中寻找补偿价值。

哈佛大学心理学家丹尼尔·吉尔伯特形容"触发式感恩"是一套心理免疫系统。当我们什么也改变不了时，这套系统就会发挥作用。生理免疫系统让我们可以从疾病中恢复，类似地，心理免疫系统提供了从情感挫折中恢复过来所需的回弹力和能量。

人们会以我们难以预料的方式回应创伤性事件。

吉尔伯特博士发现，经历过重大创伤的人中，有很大一部分称自己的生活因为这些创伤而改善。"我知道，这听起来很理想主义，但事实上，遭遇困境时，大部分人都可以很好地应对。"

感恩清单和匿名戒酒聚会需要有意识地关注和寻找生活中的积极面，而触发式感恩则是在我们未充分意识到的情况下发生的，我们的头脑会"加工处理事实"，所以当事人不会像旁观者那样觉得情况是如此之糟。但我们不会意识到大脑会如何保护我们，所以在事情发生之前，想象的情况往往比实际情况糟糕。

吉尔伯特博士做了几项实验，请人们预估在遭遇不同事件时，比如丢了工作或是心爱的人、搞砸了一场考试或面试，自己分别会有什么样的感受。另外，吉尔伯特博士还会仔细考察那些真正经历过这些事的人。他发现，人们常会高估自己难过的程度，以及难过的时长。想象各种糟糕情况时，我们不会料到不幸发生后，心理免疫系统会努力让糟糕的境况看起来更容易接受。

哲学家爱比克泰德说过：我们必须充分利用自己的力量，并根据事物的本性利用剩下的部分。如果你可以改变某件让你觉得不高兴的事情，那就勇敢去做，改变它。但如果事情已成定局，已经发生或无法避免，那么除了感恩，你还能做什么呢？

感恩，穿越此刻风暴的避难所

失业和遭遇事故、悲剧、入狱、生病不属于同一类别，但它也会让你心灰意冷。现在，我知道感恩有助于改善糟糕的境遇，于是开始思考几年前的那次失业。失业间接推动了我和罗丝的相遇，让我拥有歌剧院的美妙一晚。能为《大观杂志》服务，我曾经非常心满意足。这本杂志发展得很好，获得了来自全球的赞誉。我们刊载了开创性的故事、名人访问，发掘了令人惊艳的作家。

当时，经营了《大观杂志》几十年、后来升任 CEO 的沃尔特·安德森宣布自己即将退休。我们都期待沃尔特能继续领导我们，但他拒绝了。我们很惊讶，没想到公司会找一个圈外人接手公司，虽然他很好，是位值得尊敬的广告推销员，但并不是领导一家大公司的合适人选。当这位新任经营者开始开除有才华的员工，建立自己的团队时，沃尔特给我打来电话。

"你什么都不需要担心。他疯了才会解雇你。"沃尔特说。

所以，或许他是疯了。一般来说，我们在被解雇前都会看到一些征兆，但这一次我完全没有预料到，其他人也没有。"你就像是一位成功赢得战争的将军，但军衔却被突然夺走。"后来，我最好的朋友苏珊对我说，"这没有道理。"

当时，这一切似乎都是杂乱无章、毫无公平可言的，我抱怨着事业和人生的方方面面，认为未来由错误的时机、错误的人以及某些人的傲慢而非自己的努力决定。

最近一次见到沃尔特是在剧院，当时我们刚看完他创作的一出关于缘分的戏剧。那场变故之后，我们都快乐地继续往前走，他开始写剧本，我开始写书，而且我们都喜欢现在做的事。

在这位聪明、有才华的 CEO 和我先后离开后，《大观杂志》逐渐没落，巨额的盈利突然变成巨大的亏空。几年之后，杂志难以为继，只好被低价出售。

"离开那里是最棒的事，你不这样认为吗？"沃尔特问我。我惊讶地看着他，听他继续说下去，"当时，你并没有因为这件事感到快乐，但如果你继续留在那里，看着杂志一点点没落，一定会很痛苦。"

真的是一语点醒梦中人。沃尔特认为，新任 CEO 正引导着《大观杂志》往一座冰山上撞，但我已经坐上救生船。

"我应该感恩自己逃脱了吗？"我问沃尔特。

"是的，感恩是一定要的。"沃尔特用炯炯有神的眼睛看着我。

我若有所思地离开了剧院，心里想着，有时候，有些事情看似是倒退，但实际上可能是一次飞跃。

我无法为杂志的悲惨命运感恩。如果有更适合的人接手沃尔特的工作，带领杂志继续强劲发展下去，对每个人来说都是更好的结局。莎士比亚《皆大欢喜》(As You Like It) 里的一句台词出现在我的脑海。被放逐的公爵没有勃然大怒，而是在森林里闲逛："在奔跑的溪流中寻找书籍，在石头上寻找启示，以及一切事物的美"。

离开《大观杂志》后，我做过有趣的项目，见过有趣的人，读过有趣的书，开始了新的人生旅途。展望未来的时候最适合运用感恩，但回顾过去的时候，感恩同样派得上用场。与沃尔特告别回家后，我拿纸笔，开始针对失业那段时期列感恩清单。

1. 感谢我最好的朋友苏珊。

苏珊接到我的电话后，很快出现在我的办公室。她帮我整理东西、写告别信，让我不至于当场乱了阵脚。苏珊承诺，当我需要她的时候，她一定会在。

2. 感谢兄长鲍勃愿意为我冒险。

之前，我和鲍勃在工作上从来没合作过，但当时他感觉到我需要帮助。他向一位硅谷的高科技媒体高管引荐了我，让我得以在互联网领域获得非常棒的咨询工作，结识新工作伙伴和朋友。这份工作很有趣，而且来得恰是时候。

3. 感谢我暴怒的丈夫罗恩。

被杂志社解雇一周后，新任 CEO 想请我帮忙，所以约我喝咖啡。我那位善良、温和、反对暴力的丈夫从来不骂人，但当我被别人蔑视时，他建议我带一位杀手赴约。奇怪的是，他的怒火让我非常感动。在任何战斗中，我都拥有一位永远不会让我失望的忠诚伙伴。

4. 感谢那些理解我的同事。

我被解雇的消息传出去后，一家知名媒体的主管立刻发来邮件安慰我："你是最棒的，他们疯了，来为我工作吧。"虽然我没有接受她的邀约，但这封邮件让我很开心。

还有一位同事打电话约我去 Michael's 餐厅吃午餐，说那里经常有纽约的媒体大亨出没。尽管我婉转地提醒她，我已经离开那个圈子了，但她仍然坚持："我们就去那里吧！"餐厅老板给我们留了一张主桌。"每个人都站在你这边。"一边坐下，她一边小声说道。那是我唯一一次对科布沙拉觉得感恩。

我还可以列出更多条理由，但更希望自己是在几年前这样做的，那会更有帮助。幸运的是，我的感恩之心在很早以前就已埋下种子。

离开杂志社的那天，我在步行回家的路上思考失业会给生活带来多大的改变。在第四十八街和第三大道中间，我停了下来，开始和自己聊天，重新解读这一天。

当时，可能是我的心理免疫系统发挥了作用。"你的生活没有改变。你依然拥有丈夫和孩子，而且你很健康。你失去的只是一份工作。"

我当时可能有些异样，因为周围的人突然投来关注的眼光。

有句名言说："当一扇门关上时，另一扇门就会打开。我们常常盯着那扇关上的门后悔，而没有看到为我们打开的另一扇门。"曾经有许多扇门、许多扇窗为我打开，但直到现在我才终于能对新鲜空气感到感恩。

我们都明白世事艰难，身体会受伤，琴弦会崩断，孩子会突然失踪，工作也会莫名其妙地不见。很多事情都不合情理。而感恩可以帮你在一片混乱中找到意义以及某种满足感。

最好的感恩是一种行动

我坐在一家名叫"方圆"的私人百老汇剧院的最前排，演员休·杰克曼站在舞台上，距离我大约1.5米。这出音乐剧名叫《河流》（*The River*），整部剧非常安静，杰克曼的形象朴素低调，充满魅力。

音乐剧结束后，演出团队返回舞台，向观众鞠躬。"有人是第一次来百老汇看秀吗？"杰克曼问道。他从刚才安静低调的角色里走出来，变回了热情、迷人的自己。台下有两位坐在一起的年轻女性举了手，杰克曼接着说，虽然她们不知道接下来会发生什么，但是相信其他人都知道。

每年这个时候，百老汇秀场的演员们会走下舞台，为百老汇关怀／平等对抗艾滋病组织募款。百老汇关怀／平等对抗艾滋病组织获得过很多大牌明星的支持。那天晚上，杰克曼的责任是鼓励大家多捐善款，或购买价值 100 美元的《河流》签名海报。

杰克曼带着他那令人难以抗拒的微笑宣布，为了筹措更多资金，他将拍卖某位演员现在正穿着的衣服。"不，不是我身边这位女士的红裙子。"杰克曼指了指自己在最后一幕戏中穿的上衣。

"我要为一份美好的事业无耻地'剥削'你们！我将拍卖这件 T 恤，获得者请到后台与我私聊！"杰克曼开玩笑说后台有一张床（那是音乐剧中的道具），"我们可以一起喝这瓶 2007 年的葡萄汁！"说着他举起了道具"红酒"。

出售自己的衣服对杰克曼来说不是第一次。2011 年，杰克曼出演了一上演就售空票、持续上演 10 周的时事讽刺剧《休·杰克曼，重返百老汇》(Hugh Jackman, Back on Broadway)。在大部分演出的最后，他都会脱下汗涔涔的白衬衣卖给出价最高的竞拍者。有时，他甚至会在衬衫上签个名。有天晚上，他的两件衬衣分别以 25 000 美元的高价卖给了两名竞拍者。《休·杰克曼，重返百老汇》上演期间，杰克曼为百老汇关怀／平等对抗艾滋病组织筹集了约 180 万美元善款。

如果不是因为慈善，有人会花这么多钱买杰克曼的旧衣服吗？好吧，也有可能。有杰克曼出现的地方，人们难免会有点疯狂。但以做慈善为目的，可以使买下（和出售）一件汗涔涔的上衣看起来没那么荒唐，也可以让杰克曼更好地接受被崇拜的疯狂经历。

大部分明星会感谢获得的金钱、名气、深深迷恋着他们的"粉丝"，但会小心翼翼。不论你是谁，被爱了多久，拥有一群想把你的衣服扯下来的热情"粉丝"的价值都难以估量。杰克曼用可以帮助世界的方式感谢着"粉丝"。虽然他的高超演技和非凡魅力很值得欣赏，但我最钦佩他对慈善拍卖的热情参与。

那天晚上到家之后，我决定把本月的目标定为"找到和休·杰克曼同样的付出的快乐"。我想拥有和杰克曼一样的精神，即使我的个人魅力或天赋远不及他。更不必说他强健有力的手臂、结实的腹肌、精壮的身体、闪亮的眼睛、优雅的举止……找出人们愿意将感恩转化为付出的原因，或许可以让我获得更多快乐。

为了寻找思路，我拜访了亨利·蒂姆斯。在做慈善方面，亨利是和休·杰克曼同等级的明星。亨利在1小时里想出的创意比大多数人在一周或一生中想出的都多。

亨利年近40，结了婚，育有两个孩子，正计划着通过把慈善事业和科技相结合来改变世界。

亨利的一个重要习惯形成于几年前的感恩节。当时，他和妻子坐在餐桌前。亨利很好奇，为什么以"感恩"和"付出"为名的节日季却和这两个词完全搭不上边，而"黑色星期五"和"网络星期一"却都能跟购物很好地结合起来。就这样，"给予星期二"诞生了。

我和亨利相识多年，但都忘了第一次见面时的情形。亨利非常吸引人，在当时，我已经参加过几场他举办的"给予星期二"早期会议。他喜欢把出身各不相同的人聚集在一起，然后抛出一个概念，观察讨论会如何展开。

不到两年时间，"给予星期二"就吸引了成千上万家企业和非营利组织争相参与。对亨利来说，"给予星期二"是传统力量的结晶：一个人创造了一个其他人愿意参与的项目。亨利想发掘新的力量，相比从上到下传播，新的力量将由一群愿意分享和付出的人传播。"我们想创造一个人们可以分享价值观的空间，这样的话，好点子将会自我延续下去。"

> 感恩不仅是一种美好的感觉。最好的感恩是一种行动。它关于你做的某件事，而不仅是你的某种感觉。
>
> *The Gratitude Diaries*

这需要大家拥有共同的价值观——感恩和给予。在感恩和给予之间建立联系，最终将建立一个无止境的良性循环，你可以通过给予展现感恩，给予也将带来更多感恩。

美国人可能也非常善于自我专注，喜欢手机自拍的人越来越多就证明了这一点。在 2013 年《牛津词典》将"自拍"定为年度词汇。而同一年中"无私"这个词像病毒一般在"给予星期二"扩散开来。尽管"自拍"只和"我"有关，而"无私"指的是我关心另外某个人。

无私的行为有很多，比如，很多人只是简单地在 Twitter、Facebook 和 Instagram 上发布自己拿着一个指示牌的照片，指示牌上写了他们想要支持的慈善项目，或是他们将为改变世界做的事情。《赫芬顿邮报》将这场运动称为"真枪实干的社交媒体"。

社交媒体让我们更易怒、更尖酸刻薄，但快速变换的页面也让我们更容易做到心怀感恩和同情。"我们可以通过社交媒体，证明我们生而为人的最重要的标志。"亨利·蒂姆斯说，"无私是心怀感恩的人的文字快照。"

迈着轻松的步子，我离开了亨利的办公室。在心怀感恩地度过了这么多月后，我对孩子、丈夫、工作和朋友怀着从未有过的满足。感恩改变了我和身边的人，或许它还会产生更大的影响。从本质上来说，感恩创造了一种无私的生活方式，让你把相机镜头从对内调转为对外。感谢周遭的世界，将促使你更愿意奉献力量让这世界变得更美好。

从亚里士多德时代起，哲学家总结了无数我们应该帮助他人的正当、合理的理由。但心理学家从实践中总结出，实际上，人们愿意给予帮助的原因和这些道德原则没什么关系。

在一项研究中，研究者会在给一组受试者展示了几个悲伤的场景后，问他们愿意捐助多少钱，悲伤的场景一般为某非洲国家里的几百万挨饿民众，或数百万难民被迫背井离乡的画面等。在另一组中，研究者会向受试者讲述其中某位难民的故事，然后问对方愿意向这个人捐助多少钱。通常来说，那个陷入困境的人获得的捐助金额，会是受试者愿意向不幸的全球问题捐助金额的 3 倍。

对此最简单的解释是：面对另一个人的人生时，我们会意识到自己拥有好运气，意识到如果命运之手稍微偏转几度，我们就可能拥有和现在完全不同的人生。这时的我们会感恩吗？那还用问？当然！

18 世纪末，亚当·斯密的《国富论》问世，现代经济学就此诞生。《国富论》的核心原理是人们会受到自身利益的激励。斯密解释说，如果想从一位商人那获得什么东西，我们应该"永远不和他们谈论自己的需要，而是谈论他们的利益。"也就是说，追求自己的利益没有关系，因为这最终会对整个社会有益。

实际上，亚当·斯密也是个推崇感恩的家伙。在亚当·斯密撰写的优美 18 世纪散文中，他把感恩描述成激励我们展现最令人钦佩特质的一种情感。他指出，当某个人帮助了我们，我们会觉得感恩，然后会想给予回报，为另一个人做一些好事。作为旁观者，我们会欣赏提供帮助的人，大家的付出、感谢和感恩促使整个社会变得更加美好。"能让我们立即、直接给予回报的情感就是感恩。"亚当·斯密写道。

终于，我明白了为什么伟大的亚当·斯密能一边大肆褒奖感恩和给予，一边强调自我利益的重要性，因为有时候，它们可能就是一回事。给予让你感觉很棒，也让你获得了利益。

因为想进一步了解愿意服务他人的人，我决定乘坐最近一班火车去拜访安德鲁·亚科诺医生。安德鲁是一名整形外科医生，为许多家庭暴力的受害者做免费的修复手术。他帮这些受害者找回的不仅是颧骨，还有自尊。安德鲁医生每年都要出国几个星期，帮助其他国家的唇腭裂儿童做修复手术。

如果不是了解了安德鲁医生的背景，我不会认为他是感恩和给予的典范。安德鲁医生 40 岁出头，黑发浓密、牙齿洁白、皮肤光滑紧实，看起来像是某真人秀节目里的主角。但他的成功之处远不止表面这些。

安德鲁医生在纽约长岛的一个高档社区里建造了一家占地约 1 115 平方米的整形美容中心和温泉浴场，世界各地的顾客纷纷慕名而来。

"我完全没想象到会是这样。"当我们坐在环境优雅的整形中心时，安德鲁告诉我，小学三年级的时候，他就决定将来要做一名整形医生。那天，他坐校车上学，旁边坐在一个患有唇腭裂的小女孩。他试着向她问好，但其他的孩子非常刻薄，一边喊她的名字，一边把嚼过的口香糖扔到她脸上。后来，小女孩做了唇腭裂修复手术，于是一切都变了。孩子们开始喜欢她，不再欺负她。

这一切在安德鲁的心里种下一个小小的梦想，希望长大后成为一名能够创造奇迹、改变他人命运的医生。

不过，安德鲁出身并不富裕，从没想到自己有朝一日会成为如此受欢迎的外科医生。踏上这条艰难的路后，安德鲁常常被浇冷水，人们告诉他"医学院太难考了""要自己开一家私人诊所？真是疯了！""你一定会破产"。不知道安德鲁是怎么克服困难的，但他的梦想实现了。

"我们都喜欢认定人们的成功是因为他拥有天赋，但我认为更重要的是拥有热情和目标，并坚持不懈地追求对自己而言重要的东西。"尽管为成功付出了许多，安德鲁医生非常感恩自己可以扭转局势、帮助他人。"我相信，一切是互相联结的，你给予得越多，收获的就会越多。"安德鲁医生告诉我，他很喜欢每天的工作，也很尊重那些付费顾客，不过志愿工作滋润着他的灵魂。

"我在财务上取得的成功远超我的想象，但真正的感恩诞生于，当我感觉自己属于某个高于自己的存在而感到快乐和平和时。"安德鲁说。在第三世界国家担任志愿者时，安德鲁发现，人们很害怕患有面部畸形的人，认为他们受到了邪恶的诅咒，而不把那看作一种医学病症。

有天早上，一位满脸悲痛的母亲把自己饱受面部畸形折磨的 6 个月大的宝宝交给了安德鲁。1 小时后，安德鲁把一个健康而正常的宝宝交还到这位母亲的臂弯。看着自己的宝贝，母亲流下了感激的泪水。"一项简单的手术解除了孩子身上的'诅咒'，改变了整个家庭的生活。"安德鲁用略微颤抖的声音说道。他难为情地摘掉眼镜，拭去眼角的泪，重新平静下来。

"我没料到自己会这么情绪化，"安德鲁说，"但我非常幸运，而且非常感恩自己经历过那些让人生充满意义和目标的时刻。"

> 在看到世界上存在的问题后，你可以愁眉苦脸地生活下去，但也有另外一种选择。
>
> *The Gratitude Diaries*

当宇宙给了我一个微笑，我决定心怀感恩还以微笑

随着感恩节的临近，感恩似乎突然成了整个时代思潮中的最重要的一部分，而不仅仅是出现在大大小小的广告牌上。11 月俨然成为整个国家一年一度集中关注感恩的时候。更好的当然是一整年都心怀感恩，但真见鬼，我们选择了一年一次。

正式吃晚餐前，罗恩总会发表一段以感恩为主题的有趣而感人的祝酒词，但这一次，他有些犹豫。

"为什么不呢？"我问道。

"你是感恩的专家，我只是个医生。如果由我发表关于感恩的祝酒词，那你接下来要介绍糖尿病的最新治疗方法吗？"

我大笑了起来。"不，我没办法快速学会医学知识，但每个人都可以学会感恩生活。"

当时，整个大家庭一起聚集在我们的乡间别墅，包括我们的朋友、罗恩的母亲等。罗恩的母亲一直是我在保持积极乐观方面的榜样。

我们互相倒了香槟和气泡苹果酒，罗恩端起酒杯站起来。他用温柔的嗓音温暖地谈到了所有自己心怀感恩的东西，提到了餐桌上的每个人，以及大家做过的、他觉得很特别的事情。罗恩向他的妻子，也就是我，表达了感谢，感谢我今年让大家都更积极正面了。

罗恩暂停了一下，露出了一丝微笑："所以，我要感恩的就是这个。但有时我也会好奇，是谁安排了这一切？我该感恩谁？感恩什么？可能真的有个大家伙为我安排了这一切，或者我的好运只是宇宙随机选择的结果。不管是哪一种，我知道，宇宙给了我一个微笑，于是我决定心怀感恩地还以微笑。"

大家纷纷举杯赞同罗恩的发言，我知道，我不再需要担心今晚的火鸡可不可口。感恩节最重要的意义已经达到了。

那天晚些时候，洗好碗碟，把剩下的饭菜装进保鲜盒放进冰箱后，我在卡片上写下亨利·蒂姆斯的那句话：最好的感恩是一种行动。

那些由感恩激发的行动让世界变得更加美好，比如，休·杰克曼拍卖自己的 T 恤，亚科诺医生为他人做改变命运的手术，利波尼斯在老挝的贫穷山村开办医疗诊所，蒂姆斯创造出"给予星期二"，我的医生丈夫罗恩帮助和治疗他人。那么，我呢？

在过去的一整年里，我确实在心怀感恩地生活，但到底做了什么让世界变得更加美好？我加入了几个慈善委员会，和罗恩一起捐出了尽可能多的钱。然而，我并没有真正做出改变世界、惊天动地的事情。

离这一年结束还剩 1 个月，也就是说，我还有机会改变我和家人的生活。我希望最终证明，感恩对我们的影响将远不止一年。

第 12 章

训练每时每刻
捕捉美好和快乐的能力

　　我一边心不在焉地摆弄着桌上的马克杯，一边思索着如何开始本月的感恩之旅。"哐当"一声，马克杯摔在地上，我徒劳地伸手去抓，突然记起当初把它放在桌上的原因。具有讽刺意味的是，几个月前，我把马克杯放在视线可及的范围内，是为了提醒自己"感恩家人可以让你更快乐，以及即使陷入绝望也要保持冷静"。

　　我小心地拾起马克杯，端详着漂亮的蓝绿色背景和日式风格的白色花朵。马克杯上的图案来自某著名艺术家的画作。画作优雅、迷人，很容易让人以为作者的形象也与之类似。虽然很难将它与那位割去自己一只耳朵、住进精神病院的、内心饱受折磨的天才联系起来，但实际上，作者正是他。这幅《盛开的杏花》（*Almond Blossom*）正是梵高身陷痛苦深渊时绘制的。

几个月前，我和罗恩去阿姆斯特丹旅行。在那里，我第一次看到了《盛开的杏花》的原作。在阿姆斯特丹旅行期间，恰逢荷兰的国王日。当天，整个阿姆斯特丹挤满了喝啤酒的狂欢者，运河里停满了参加派对的船只。罗恩和我饶有兴致地看了一会儿，但毕竟纵情欢乐不是我们的风格。我不免感觉有点尴尬：花了几个星期计划这场旅行，却不知道会遇上荷兰一年里最热闹的节日。

怀着一线希望，我们穿过黑压压的人群，来到梵高博物馆。普通的日子里，这间博物馆肯定人潮涌动，但那天大家都忙着上街庆祝，没人想待在室内。真是太棒了！博物馆里空空如也，我们可以悠哉地观看展览。

"非常感恩，我们歪打正着地撞上了国王日！"我笑着对罗恩说。

空荡荡的展厅，让我们得以心怀敬畏地近距离观察这些真迹。在楼上的一个房间里，我们看到了富有禅意的油画《盛开的杏花》。梵高在晚年创作了这幅画。《盛开的杏花》让我们感到惊奇。这幅精美、高雅的画作两旁展示的是梵高的另外两幅作品，这三幅作品几乎创作于同一时期，但其他两幅满是孤独和焦虑。其中一幅描绘的是麦田里的收割者，另一幅描绘了疗养院的花园里，被闪电劈中的参差不齐的树木，画作的颜色是饱和的红色。（"看到红色"是梵高在隐喻自己的焦虑心情。）

从脑海里挥之不去的关于死亡、孤立和绝望的悲观看法中，梵高发现了一种描绘这幅美丽宁静、积极向上画作的方法。《盛开的杏花》的创作背景是这样的：当时，梵高的弟弟提奥和他的妻子刚生了一个孩子，并决定让新生儿继承梵高的名字"文森特"。即使正在绝望中挣扎，梵高还是非常感动弟弟一家以自己的名字给宝宝命名，于是想要表达自己的感恩之情。《盛开的杏花》由此诞生，这些花朵代表了希望和感谢。

在阿姆斯特丹的礼品商店，印有《盛开的杏花》的马克杯再次让我深受感动，感恩之情竟足以让梵高忘却情绪伤痛。于是，我买下马克杯，用于提醒自己"感恩拥有转换心情的力量"。

旅行中还发生了另一个故事。第二天，整座城市重新安静下来，我和罗恩打算沿着美丽的河边小道散散步。唯一不那么美好的就是当天的晚餐味道一般，上菜速度特别慢。那是我从三家餐厅里仔细挑选的一家，而且改过好几次预约，但晚餐时，我不得不向罗恩道歉说我做了错误的决定。

罗恩告诉我不用担心，但我脑袋里的对话停不下来。我越来越焦虑，因为这一天变得不完美了。"我应该去酒店服务台推荐的那家餐厅的。"我忍不住发牢骚。罗恩想再次打消我的顾虑，但最终放弃了。

"嘿，感恩女士，"罗恩咧嘴笑着说，"现在，我们正手牵手走在荷兰运河边的美丽夜色中。你要感谢这一切，还是担心那家餐厅搞砸了这个美妙夜晚？"

我哈哈大笑起来，他是对的。在事后做自我检讨是我的一大爱好，虽然它和感恩有点儿格格不入。是时候放弃这个爱好了。

我是从母亲那里"继承"的这个习惯，她是"本应该"大师。成长过程中，我经常听见母亲说"本应该"。每当母亲开始唠叨自己"本应该"做了什么时，父亲就会心烦意乱。"应该！可以！就会！"父亲有时会冲母亲喊道，"你不能停下来吗？"她停不下来，或者说，她没有试着停下来。但现在，我需要永远抛弃"本应该"这个词。

今年，我学习到，并不一定非要发生重大事件或做出正确的决定，感恩才会出现。感恩会让我们手握控制权：没有选出完美的餐厅，我们也能感谢这场旅行，也能感恩当下。

斯沃斯莫尔学院的心理学家巴里·施瓦茨致力于证明，太多的选择无法让我们快乐。面对太多可能性，或是期待过高时，我们会变得不知所措。一旦做出选择，我们就不会像自己想象的那样容易满足，因为我们好奇："如果当时做了别的选择，结果又会如何？""会比现在更好一些吗？"

我可以想到的、解决这个问题的唯一方法就是感恩自己做出了这些选择。所以现在，我给了罗恩一个拥抱，然后以全新的心情接着散步下去。我不会因为选错了餐厅而毁掉这个美好的夜晚。我可以感恩此刻，沿着运河散步的此刻，然后在明天晚上找到一间不用三个小时就能上菜的餐厅。

梵高的感谢信：洁白杏花里的深情

从阿姆斯特丹回来后，我对梵高念念不忘，并一直思考感恩是不是真的可以消解沮丧和绝望。我的证据只有博物馆墙上的 3 幅油画，以及我对它们的解读。杰弗里·霍夫曼是麻省总医院的精神病科医生，致力于研究针对抑郁、绝望以及想自杀的患者的治疗方法。

"最积极有效的干预方式是写感谢信。"霍夫曼医生告诉我。他推测，感谢信之所以有效，原因之一可能是无望的感觉让人感到孤单，而且变得完全以自我为中心。感恩会让我们的注意力从对内转向对外，提醒我们"你还和他人有联系，而且人们是关心你的"。对梵高来说，弟弟对他的关心已经达到让自己的宝宝继承他的名字的程度。

"意识到某人为我们做了美好的事情，会让我们产生非常强烈的积极情绪。"霍夫曼医生说，"如果你对某个人心怀感恩，那么，你身上一定拥有让他重视你的价值。'这个世界上有人关心我，我不是孤身一人'，这种感恩的感觉可以大大改善孤单无依、自我否定的人的心情。"

现在，我捧着马克杯，想着梵高一边向他弟弟提奥表达感恩，一边暂时走出了悲伤。我还找到一部收录梵高信件的书，其中许多信件是在感谢提奥给自己寄来画布、颜料和钱。

"即使画作成功了，也远及不上画家为它付出的心血。"梵高难过地写道。1890 年年初，梵高分享了侄儿出生的快乐："今天，我收到你终于做了爸爸的好消息……我的快乐难以言表。"然后，梵高立刻开始绘制《盛开的杏花》，并希望将来可以挂在宝宝的房间里，以表达他眼中的生命、希望和感恩。尽管经历了痛苦的折磨，梵高的画笔仍然记载着家庭之爱的洋洋暖意。

大部分人终其一生都无法创造出一幅杰作，以表达对他人的感谢，但《盛开的杏花》证明，感恩拥有改变心情的力量。焦虑、疯狂和绝望中间，夹杂着快乐和美丽。即使是在疗养院，对家庭的感恩也让梵高获得了不少平静。那么，可以想象，对于每天只需面对日常小烦恼的我们来说，感恩的力量又是何其伟大。

家庭是快乐的重要来源，但也制造伤害、烦恼和疲惫。孩子可以让身边的每个人都处在当下，当3个月大的婴儿尖叫时，你唯一会去想的就是"他需要奶瓶、拥抱还是换尿布？"这时候，你并不会思考未来，也不会担心过去。停下来，全身心地投入，会让你对当下这一刻足够感恩。

当大儿子扎克还是个小婴儿时，我常听上一代人说"光阴似箭，岁月如梭"。那段每天都要凌晨4点起床喂奶的时光几乎是我生命中最漫长的日子，但我相信，在未来的某一天，我也会感慨那一切流逝得是多么快。记得有天晚上，当我在厨房角落里整理洗好的衣物时，罗恩走过来帮忙。他拿起一件小小的衣服放在大大的手掌里，好奇地端详着。

"我太爱他了，甚至爱他的 T 恤。"

我们对视一眼，低头看着这些小衣服，既感恩又惊讶。当时我们都有些睡眠不足——宝宝的需求似乎无穷无尽，但内心汹涌的爱胜过一切。

"我永远不想回头看，不想知道我们为什么不感恩当下的那一刻。"我满怀热情地说。

感恩当下包括感恩孩子还小的时候。"只要他们快乐，就不必担心其他事情。"我的婆婆曾这样说。我可能无法感恩生活中的每一刻，知道自己曾经发过脾气、忧心忡忡、不耐烦，甚至以后还会这样。但孩子出生后，我内心充满感激。

我拒绝相信普鲁斯特所说的"失去的天堂才是真正的天堂"。真正的天堂应该是你此刻所生活和感激的这个地方。

很多知道我的感恩计划的人开始和我分享自己的故事。比如，几年前曾共事过的莎伦·孔兹告诉我她刚刚做了妈妈。这个消息让我很高兴。莎伦聪明、有才华，但身形过于瘦削。有趣的是，莎伦爱上了厨师埃里克。结婚后，他们的日子过得有滋有味。后来，莎伦和丈夫搬去了纽黑文市，找了一份有趣的工作，并生下宝宝艾萨克。

现在，莎伦告诉我，艾萨克 3 个月大了，尽管他很完美但也很难缠。晚上，不知什么原因，艾萨克会一直哭闹，而且第二天会变得又疲惫又挑剔。有个周日晚上，艾萨克甚至哭闹了一整晚。第二天，他变得非常难伺候，这让莎伦感到绝望。莎伦跟我描述了接下来的周二。

"早上 8 点左右，我和艾萨克返回床上，我打算读书给他听。我们互相依偎着，读了半小时书。"莎伦告诉我，"那真是完美的幸福时刻，我心里充满了感激。那一天的幸福时刻还有不少，比如，在常去的咖啡馆喝咖啡，然后推着在婴儿车里小睡的他回家。那天晚上，给艾萨克盖好被子后，我蜷在沙发上给他写信，想告诉他我是多么感恩和他共度的这美妙一天。"

我很欣赏莎伦把压力转变为快乐的能力，但小婴儿并不总会配合演出。正当莎伦给艾萨克写感谢信时，他尖叫着醒来了。3 周后，这封感谢信依然"只完成了 75%"。莎伦说："但我确实认为，艰难的日子让我们更容易对美好的日子心怀感恩。整体来说，我们的生活更美好了不是吗？根据经验，人们经历过的困难越多，就更容易对小事心怀感恩，当然，是指实际生活中的小事。"

幸运的艾萨克！我一点儿也不怀疑，莎伦会把那封感谢信写完。艾萨克有没有读过这封信不重要，重要的是莎伦想把心里话写下来，帮自己记住那些和宝宝度过的快乐时光。

关注美好的部分，可以让那些哭闹声此起彼伏的夜晚变得稍微好一些。我很欣喜莎伦会认为组成我们生活的就是这些小事。和宝宝依偎在床上，满怀爱意地把他的贴身衣物叠起来，确实是值得珍藏一辈子的小回忆。

与往事和解，感恩此刻的美好

用感恩保持冷静也可以改变家庭成年成员之间的关系。人类学家玛格丽特·米德曾经说过，姐妹关系"可能是家庭中最具竞争性的关系，但一旦姐妹们成年了，就拥有最紧密的关系。"姐姐南希和我似乎仍没有摆脱"竞争"关系。幸运的是，现在的我们都想改变这一点。

因为宇宙间一些奇怪的巧合，我对感恩的关注和南希对正念的发现相一致。我那位野心勃勃、成功的企业家姐姐，每天晚上都会冥想和做瑜伽，甚至创办了一家关注正念领导力的咨询公司。因为我们都在努力用更积极的视角看待世界，于是好奇这种视角是否可以改变我们的关系。我们谈到要成为那种互相交流、分享和关心彼此的姐妹。这个月似乎是努力跨出下一步的好时机。

所以，在 12 月初的一个周五，我乘坐火车去华盛顿见姐姐。对我来说，这一举动的影响不亚于一场 8 级地震。姐妹俩一起度过快乐时光？上次这样做的时候，南希 9 岁，我 5 岁。自那之后，时光流逝，怨恨丛生。我们可以为彼此列一张长长的清单，清单题目是"她做错的事"。但紧紧揪住过往问题毫无益处，保持积极，互相感谢则好处多多，比如，获得对方的支持。

周五晚上，因为火车临时晚点 1 小时，我不得不多次打电话给南希调整行程。当火车慢慢驶入华盛顿时，我越来越沮丧：南希可能正焦急地等着我。对本应该愉快的周末来说，真是糟糕的开始！

我试着保持冷静，于是给南希发了短信："至少，此刻窗外的夕阳很美。你也看看吧。"

"你是对的！"南希回复我。阳光是温润的红色，天空依然很蓝。这样的景色并不常见。

"你看，正是因为我迟到了，我们才看得到这样的美景，不是吗？"

"确实，我们很幸运。安心坐车吧，妹妹。"

"而且要心怀感恩！"

下车见面后，我和姐姐紧紧拥抱，然后带着两个外甥女一起去吃饭。

"我听说，你的火车晚点了？"等寿司时，小外甥女埃米莉问我。

"我坐了很久的车，但是……"我停了下来。我真的要浪费时间讲述火车晚点的细节吗？我微微一笑，耸了耸肩说，"现在，我就在这里，而且非常高兴可以和你在一起，这才是真正重要的事。"

"你的口气跟我妈很像！"埃米莉像往常那样神采飞扬地说，"她再也不谈论糟糕的事情了。她只会说，'现在，我在这里！'"

对南希和我来说，不谈论糟糕的事情都令人惊讶。霍夫曼医生告诉过我，有些人似乎天生就懂得感谢生活，而另一些人则不太擅长。感恩往往与"和心理健康有关的、更高一级的生活品质"相关，包括更旺盛的精力、更优秀的社会关系和更快乐的情绪。

在一项研究中，霍夫曼医生把感恩层级高的人记录为红色，把感恩层级低的人记录为蓝色。当我们尝试了解两组人的某些积极行为和积极心理水平时发现，红色组的水平比蓝色组高得多。

我怀疑，最开始时，南希和我以及我们的哥哥鲍勃可能都是感恩层级较低的蓝色，然后，我们尽己所能地努力工作，最终，慢慢变成了红色。因为我们的母亲有些消极，所以，我们并非天生就懂得感恩，但我和南希一直想改变这种情况。

对南希和我来说，那个周末有个共同的主题：感谢此刻的美好，而非耿耿于怀于过去。

通过冥想，南希变得更加冷静。她想和我分享这种方法，于是在周六早上，带我一起去上冥想课。

舒适的房间里大约有 12 个人，大家闭着眼睛，放松地坐在坐垫上。我喜欢那个可爱的老师，但脑袋并没有跟着她的话走。我了解冥想的目的，但忍不住想咯咯发笑，所以我自行切换成记者模式。结束后，南希说她听到我在做笔记的声音。

"我应该用比较软的笔，那样就不会打扰你。"我对南希道歉。

"你没有打扰我，只是如果你在写字，就无法全身心地投入。"

我解释说，在他们冥想的那 1 小时，我也在缓解压力，但方式是玩感恩游戏。举例来说，当楼下的狗吠打破房间的宁静时，一开始，我会对狗吠很恼火，接着，我会练习寻找这件事的光明面。我会感恩自己听力正常，继而联想到爱犬威利。于是，恼人的狗吠变成一种可爱的声音。

其实，当我坐在房间里时，即使没在冥想，也会觉得感恩，因为和姐姐一起度过了这段时光，并了解到她的另一面。"有了这些，难道还不够吗？"

南希点了点头，也和我分享了她的感恩故事。最近，她经历了难熬的一晚——在急诊室抢救了一整晚的病人。终于，南希在凌晨 3 点筋疲力尽地走出了急诊室。她来到停车场，那里空无一人、一片寂静。

"然后，我一抬头，看到了这辈子看到的最美的月亮。硕大的玉盘几乎填满整个夜空，颜色和平时也不太一样，是不可思议的纯蓝色。"

南希就这样站在停车场里，久久凝望着夜空。"我觉得非常感恩，感恩自己出现在那里，感恩看到了那轮月亮。我转念一想，如果不是因为急诊室里的紧急事件，可能就错过这一切了。我启动车子，往家的方向开，月亮就这么跟着我，又亮又大又蓝。我一直看着它，感觉自己真是太幸运了。"

我告诉南希，真正的幸运是她现在拥有的态度，让自己能够感谢月亮和当下的态度。换作以前我认识的那个南希遇到这样的状况，可能会一边气冲冲地走出医院，一边抱怨自己几乎从没看过湛蓝的天空。现在的南希已经准备好用更积极的态度面对生活，所以才会在那个夜晚发现美。

　　火车晚点的时候，我看到了美丽的夕阳；度过糟糕的一晚后，南希看到了蓝色的月亮。"我觉得，你经历了一场天翻地覆的改变！"我忍不住对南希说。

　　这天晚些时候，我和南希去了一座美丽的公园散步、聊天。南希刚刚离婚，但这并没有打倒她，反而给了她重新开始的希望。南希和女儿们仍然关系亲密。她很感恩她们一直陪伴着自己。在公园的一处瀑布前，我们停下脚步。南希说，对于什么才是真正重要的东西，她有了全新的观点。

　　"每天早上醒来时，我都会感恩自己拥有这两个女儿。我曾和她们说过这些，但她们的反应是，'每天都感恩？真的吗？'她们觉得我太夸张了，但真的是这样。"南希说。

　　南希还提起多年前发生的一件一直困扰她的小事。兄弟姐妹通常会把平日的怨恨记在心里，当另一个人再次让我们失望，再次忽略我们的需要，再次说错话时，就会去翻旧账，让怨恨"历久弥新"。但我认为，相比回忆不美好的事情，我们更需要美好的记忆。于是提议通过一起回想曾经的感恩时光来修复我们姐妹的关系。

　　"以下是我关于你的感恩记忆。"我说。接着讲述了很久之前的一天晚上。那时，祖父刚刚过世，我又害怕又难过，久久无法入睡，于是，南希拿出她的音乐盒给我玩，音乐叮叮当当，我快乐极了。

　　"在那之前，你从来不让我碰你的音乐盒。"我对南希说。

"当时你年纪太小，会把它弄坏！"

"但那天晚上，你让我玩了，你知道它可以安慰我。但当时我太小，不懂得和你说'谢谢'，所以就让我现在说吧。"

南希点了点头，明白了我的意思。这些年来，我们在怨恨对方的错误和过失上浪费了很多时间。但感谢温暖、善良的时刻，并且坚持这样做，可以弥补一些遗憾。

"你呢？我猜你没有关于我的感恩记忆，那游戏可能就进行不下去了。"我对南希说。

南希不这么认为。有一次，我专门从纽约飞到华盛顿，看有什么可以帮她的。当时两个孩子还很小，她过得很艰难。

"我真的很感谢你。虽然后来发生了那么多事情，让我错过了感谢你的机会，但那一天，我知道你是真的关心我们。"

我搂过南希，给了她一个拥抱。记住像是音乐盒的夜晚，或是飞翔的一天，让我们又拥有了一些值得欣赏的事情。感恩会提醒我们，我们都拥有一个可以依靠的姐妹。

不要被无法控制或尚未完成的事情逼疯自己

我们回到南希的漂亮屋子。晚餐是南希提前做好的羽衣甘蓝和藜麦，我们边吃边聊。快到午夜时分，我们决定庆祝。我们的酒量都不太好，于是，南希拿出一碗巧克力，然后，我们举起手中的巧克力，为身为姐妹而干杯。

南希是个不轻易哭泣的人，她承认，想到我们的新友谊时，她的眼眶盈满了泪水。我用纸巾擦掉眼角的泪，告诉她我有同样的感觉。

"不过，可能是你的猫让我流眼泪。你知道我对猫过敏，对吧？"我问道。

南希哈哈大笑，敲了一下托比的头。托比的个头更像一只山猫，而不是家养的宠物。我喜欢狗，南希喜欢猫。但因为善意的涌动，我们找到了化解矛盾的方法。

第二天，到家之后，我比平时要安静许多。罗恩问我发生了什么事，我告诉他，我担心自己今年没有产生足够大的影响。我需要一个能让我的感恩永远拥有意义的表示。罗恩瞪大眼睛看着我。

"你在开玩笑，对吧？"

"不，完全没有。"

"好吧，让我们来回顾一下。你让我们的婚姻变得更好，和姐姐和好了，对事业获得了新的想法，激励了我们的孩子。顺便一提，你写了一部有关感恩的书，那样其他人也可以像你一样心怀感恩了。对你来说，那还不够吗？"

以前，我会本能地说"还不够"，但我看到罗恩的眼神中闪过一丝严厉，于是不自觉地微笑起来。在今年的很多时候，哲学家爱比克泰德一直是我的向导，他曾在很多文章中探讨过，我们可以通过集中关注自己的内在能量，让自己变得更满足。

焦虑来自我们无法控制的东西。爱比克泰德举了一位竖琴演奏家的例子。这位演奏家在独自一人演奏和唱歌时会很快乐，但上台表演就会变得很焦虑，因为这时候，他不仅想要把歌唱好，也想获得听众的掌声，但后者是他无法控制的。用现在的话来说，这意味着，不要用你无法控制或尚未完成的事情把自己逼疯。

"我想，对于现在来说，我所做的一切已经足够。"我微笑着对罗恩说。

今年年初，我只能看到自己缺少什么，这让我和罗恩都很不快乐。过完今年之后，我明白了，即使心怀感恩，我们依然可以为自己、家人、事业或这个世界索取更多，但我们可以更享受这个过程。虽然不存在笔直地通往顶峰的道路，甚至有些路根本不通往顶峰，但感恩可以让你选择风景比较好的那条路。

刚开始，这一年的感恩计划似乎是个玩笑，而当我决定写一部书时，它又可能仅仅变成一种工具。但随着时间的推移和计划的展开，感恩越来越深入我的内心和灵魂。

我不仅在总结自己的生活，也是在感受。渐渐地，我身上的某些特质发生了变化。感恩影响了我看待每一件事的角度。保持积极、捕捉事物美好的一面变成了我的第二天性，让我更加快乐。虽然我偶尔还是会心情不好，但很快就可以摆脱出来。

在我感恩孩子们的同时，孩子们也反过来常打电话问候我，常回家看我。开始感恩地生活后，我和罗恩会花很多时间让对方知道，可以拥有彼此是多么幸运的事。但实际上，我们并不是真的更加幸运了，只是比以前留意到更多幸运而已。而且，关注彼此、关注幸运的事让我们更加靠近、更加快乐。

那个周末，在我们的乡间小屋，我沿着河岸走了很久，也思考了很久。今年的雪比往年来得早，树枝上挂满闪耀的冰晶，脚下的雪松软洁白、嘎吱作响。淡蓝色的天空下，光秃秃的树林显得格外雅致朴素，美极了。我的思绪开始游荡。我想起亨利·蒂姆斯的建议，今年需要一个精彩的结局，我或许应该去尼加拉瓜为穷苦人建房子。"拿着锤子和钉子的贾尼丝?！"不，那不是我。

我欣赏那些将感恩化作轰轰烈烈大事的人，我的表达更小、更个人化，但也发挥着作用。这一年，我的积极感动了其他人，而且这些人可能也已找到可以将这份积极传递下去的平和与满足。感恩不需要我改变本性，也没有人真的需要这么做。取而代之的，是我给自己重新定位，重新调整注意力的方向。我比之前更加积极、更加感恩，而这些变化充满戏剧性且改变了我的生命。

站在河岸高处，我向着河流远处眺望，透过光秃秃的树林，美景清晰可见。

我意识到，这一年中，我开始用全新的方式留意生活和自然中的细节，美丽的彩霞、绚烂的夕阳、湍急的河流、轻拂的微风、洒在脸上的温暖阳光。

这一年中，我常常让自己停下来，感恩体验到的每一种感觉，现在，感恩自然而然地涌现。

最简单的快乐就是充满活力地过好每一天。

The Gratitude Diaries

我们可以停下来欣赏生活中的美好时刻吗？还是说，我们只会在迷失自我时才后悔惋惜？我们经常让生活中的美好变成透明的背景，所以现在，在一切变得太迟之前，我希望它们能站在舞台的中央。

这一年的感恩生活在很多方面改变了我，其中最大的变化就是让我掌握了每时每刻都能捕捉到快乐的能力。我知道应该好好感谢生命中的每一刻，真正去感受孩子们的温暖拥抱、丈夫的爱以及树上的冰晶和雪地里的脚印。它们不会永远在那里。我也不会。不过，那不重要。此刻永存。

带着美好的心情过好每一天，
我们可以创造出人生中最棒的一年

最近，天黑得越来越早，新年日益临近。我发现，自己并不想终结这充满感恩的一年。

去年的新年派对之后，我做了未来一年的感恩计划，但至今还没发生什么特别的事情。我的丈夫还是罗恩，我们还住在同一个地方，做着同一份工作，"中大乐透"或"搬去毛伊岛"的幻想也没有成真。但定义这一年的不是真正发生的事情，而是我对这些事情的态度。通过感恩，我度过了有生以来最快乐的 12 个月。

罗恩也很惊讶，今年我们没有特意做什么，却获得了那么多快乐。心怀感恩和互相欣赏让我们比以往更亲密。

在一个周一早上，当我们从周末度假小屋开车回纽约时，决定考验一下自己的感恩精神。当时，拜一场冻雨所赐，高速公路上一片混乱，原本 80 分钟的车程被拉长到了 120 多分钟。

当我们被堵在路上时，罗恩知道候诊室里的患者正在慢慢增多，我给编辑发短信说"会议可能要推迟了"。汽车一寸寸往前移动，一如时钟的指针。我们可以感觉很糟糕，但也可以……

"我知道，今天似乎很糟糕，不过，想找到一些值得感恩的东西吗？"我问罗恩。

"你先开始。"罗恩握紧方向盘说道。

"很感恩，今天早上我老公喷了很好闻的古龙水，这让堵车变得美好许多。"

罗恩笑了，神情放松了一些。"很感恩，今天我不会被开超速罚单。"

"很感恩你不需要加油。"

"噢，我需要。"罗恩看了一眼仪表盘，"但很感恩，红灯还没亮起来，所以你不知道。"

我们忍不住大笑起来。今年，我们做了足够多保持积极和有趣的练习，已经能够很轻松地启动积极状态。我们当然知道堵车的坏处，但逗趣的对话可以让整个过程好受一些。

当我们终于抵达，我探过身去，紧紧拥抱了罗恩。

"我们做到了。即使天气那么糟糕，没有出事故，没有人受伤。

谢谢你把我安全送到这里。"

"谢谢你拥有这么积极的态度。正是这种心态，让今年变得这么特别。"罗恩说道。

下车撑伞时，我意识到，以前堵车时，一路上的气氛就会变得让人难以忍受，我会不停地埋怨，罗恩会变得焦虑。现在，我明白了，有时候我们有能力让事情朝着理想的方向发展，但有时就是难以如愿。而感恩让我得以用不同的视角看待什么是好事，什么是坏事。

即使度过了感恩的一年，我也不会认同"一切都会好的"这种说法。我们会遇到不幸、悲伤、意外和让人生气的事情，生活不一定会因为感恩而变得更美好。但我们可以选择不同的回应方式。相比成为应对痛苦的大师，我们可以成为感恩的专家。

在持续关注事物光明面一年后，我了解到，相比全神贯注于自己的痛苦，心怀感恩更能令我满足。

今年年初，婚姻与家庭治疗师布莱恩·阿特金森医生告诉我，"不懈地追求积极性"可以改变大脑神经回路，进而改变大脑的无意识反应。一系列的研究也表明，爱、给予和感恩可以改变大脑中情绪相关区域的运作模式。虽然没有进行大脑扫描，但我确信，我现在的大脑肯定建立起了不同的联结。

在那个冻雨加堵车的周一过去之后不久，我提醒罗恩，即将到来的除夕夜将会是这一年感恩生活的最后一晚，我想总结一下这一年来的变化。生活变得更好了？感恩计划奏效了？今年比去年更快乐了？

"不要有压力，让它成为完美的一晚吧。"我开玩笑说。

"我没觉得有压力，"罗恩向我保证，"但我们应该去哪里庆祝呢？去剧院？看演唱会？去彩虹厅跳舞？或者中央公园夜跑？"我摇了摇头，他又试了一次："去市中心的酒吧？和朋友在城里开派对？"

"我只想和你在一起。在咱们的乡村度假屋，坐在火堆旁，开一瓶香槟。"

"我会开一瓶凯歌香槟。"罗恩知道我以前喜欢那种昂贵的香槟。

"10美元的普罗塞克就可以了。"因为我知道，让我们心怀感恩的是体验，而不是东西。酒的品牌不重要。

罗恩要工作到12月的最后一天，扎克和马特还在外旅行，不过我依然拿出最爱的餐具，迈着轻快的步子去杂货店大采购了。空气中似乎飘着某种期待，我意识到，当日历翻过今天，可能会发生一些重大变化，但前提是你得采取行动。通过留心关注、积极思考和重新审视过往体验，今年的我已经发生了很大改变。我已经变成了一直以来想要成为的那种更快乐的人。

就着水晶烛台的灯光，我和罗恩吃了简单的晚餐——烤三文鱼和芦笋。水晶烛台是扎克和马特送给我们的礼物。晚餐结束后，罗恩升起一堆噼啪作响的柴火。我们蜷在沙发上，喝着茶，吃着甜点。

然后，我们开始观看科林·费尔斯和艾玛·斯通主演的喜剧爱情电影《魔力月光》。电影快结尾时，费尔斯扮演的信奉科学的角色放弃抱怨，找回了积极乐观，并开始相信这个世界真的有某种神奇无解的存在。当电影结束，演职员的名单出现在屏幕上时，我忍不住把头埋进罗恩的肩膀放声大哭起来。

"拜托，这部电影没那么感人。"罗恩抚摸着我的头。

"我知道，但它让我想起了这一整年。这一年里，我也找到了神奇。去年，我迫不及待地想掀过日历开始新的一年，但现在不这么想，我不想要一整年的感恩就这么终结。"

"你可以明年继续感恩啊。"

"我要更加感恩。"我用力地说道。

午夜降临前的几分钟，罗恩把电视调到纽约摇滚跨年夜直播节目。我想到了一年前。当时，我身穿礼服在一个派对上观看的也是这个节目。当时，我一直闷闷不乐、厌世悲观，想弄清楚自己可以做什么以及怎样让自己接下来的 12 个月过得更快乐。

真好，我已经找到方法了。感恩把普通的一年变得极其灿烂。

今天晚上，可能每个观看时代广场狂欢夜的人都在好奇，新的一年会带来新的什么。我想告诉他们，不必好奇，答案就在心中。

带着美好的心情和精神状态过好每一天，我们就可以创造出人生中最棒的一年。这样，在新一年的除夕夜，你就有了兴奋尖叫的真正理由。

我突然想到，感恩既然可以改变我，或许也可以改变整个世界。不论全球的现状有多么令人消沉，找到事物光明的一面足以让我们坚持下去，并继续向前迈进。

心怀感恩是找到一切事物之美的方法之一。

The Gratitude Diaries

感恩的感染力很强。查尔斯·达尔文相信，拥有最多同情心的社会是最有可能兴旺繁荣的社会。在这样的社会里，人们会留意、报道、传递善行。如果我们主动向社会贡献善行，或许，只是或许，善行最终会回到你身边。

新年倒计时只剩5秒时，我擦去眼泪。我想让时钟停下来，紧紧抓住这一年的美好。

但时间没有停止。时间一年一年过得很快。回顾往昔，大部分人最大的遗憾都是浪费了那么多时间去不开心或生气。我不能说自己完全拥抱了今年的 31 536 000 秒，但已经尽可能让每一秒都充满感恩。

旧的感恩日记本还没用完，但新的一年，我会买个新本子。虽然感恩已深深印刻在我的心中，但我们仍需要一些具体可感的东西来提醒自己。

新年快乐！水晶球再次降下，音乐再次响起，五彩纸屑再次纷飞。我们的家更加温暖。

"我爱你。"罗恩紧紧拥抱我，在我耳边低语。

"我爱你。我很感恩此时此刻可以和你在一起。"我回答道，吻了吻他。

新的一年开始了，我停止哭泣，感觉自己充满了积极的力量，不禁嘴角上扬露出微笑。新的一年，放马过来吧，我准备好了。感恩无止境。

致　谢

非常感谢约翰·邓普顿基金会为本书和我的感恩研究提供支持。巴纳比·马什医生慷慨付出了很多时间、给予了很多建议和鼓励。和克里斯托弗·莱韦尼克、绫子福井、厄尔·惠普尔、克利奥·马林以及特别小组其他的成员一起工作，真的非常愉快。他们对感恩的热情影响了整个领域，也包括我自己。

艾丽斯·马特尔从一开始就理解了我的想法。有她陪伴在身边，让我感到非常兴奋和幸运。吉尔·施瓦茨曼是我遇到的最棒的编辑，她一边照顾刚出生的孩子欧文，一边悉心照料我的文学宝贝。和达顿出版社整个团队的合作都很愉快。很幸运可以和克里斯蒂娜·鲍尔、本·塞维尔、莉莎·卡西蒂、凯特琳·麦克里斯特尔和杰斯·伦海姆一起工作。同时，也很感谢马德琳·麦金托什、伊万·赫尔德，以及

267

达顿出版社优秀的销售人员。

今年一整年，许多医生、心理学家、研究者和学者都慷慨地向我提供时间和知识。他们的优秀工作在书中都有体现。此外，要特别感谢马丁·塞利格曼、马克·利波尼斯、亚当·格兰特、亚罗·邓纳姆、保罗·皮夫、道格·科南特、布赖恩·阿特金森、布赖恩·万辛克、詹姆斯·阿瑟、艾伦·沃森勋爵，还有亨利·蒂姆斯。很荣幸，你们愿意和我分享自己的工作和智慧。也很感谢民意调查员迈克尔·伯兰，他和我共同完成了感恩项目的全国调查，直至今日仍在贡献许多高明的点子。

朋友们听我谈了一整年的感恩，真是多亏了他们的鼓励和支持。诚挚感谢坎迪和利昂·古尔德夫妇、卡伦和雅克·卡佩路、莉萨和迈克尔·德尔、莱斯莉·伯曼和弗雷德·明茨、龙尼和劳埃德·西格尔、卡伦和巴里·弗兰克尔、玛莎和史蒂文·费尔、玛莎和戴维·埃德尔。每次打电话给我亲爱的朋友罗伯特·马塞洛，他都会耐心地和我聊天。这些电话帮助我度过了不少艰难时光。

许多人为我提供了关于感恩的深刻见解，比如，吉姆·米勒、珍·韩馥·科尔利兹、莎娜·施奈德、埃米莉·柯克帕特里克、达丽尔·陈、琳达·斯通、安娜·拉涅里、苏珊·法恩和安·雷诺兹。他们本身都是很好的例子，是善良的代言人。

亨利·亚雷茨基医生一直是我的咨询师和密友，我向他致以最崇高的敬意。我的婆婆莉茜·丹尼特是我的榜样，教会我积极地生活。我很感恩能和南希·卡普兰、罗伯特·卡普兰、克里斯·达沃尔以及他们的家人建立亲密的联系。

这本书的大部分内容都是在耶鲁俱乐部撰写的。非常感谢给我提供了帮助的团队，包括俱乐部经理、图书管理员以及经常偷塞零食给我的好心员工。

我的两个儿子扎克和马特非常了不起，我可以用整本书讲述他们有多聪明、善良和令人惊叹。真幸运，美丽而聪明的安妮成了我们家的新成员。

相信这本书的读者都知道，我的丈夫罗恩·丹尼特英俊、有趣、细心而且体贴，我真是个幸运的女人。我也深知这一点。我之所以最后才提起罗恩，是因为知道他一定会读到最后，哈哈！

READING
YOUR LIFE

人与知识的美好链接

20 年来，中资海派陪伴数百万读者在阅读中收获更好的事业、更多的财富、更美满的生活和更和谐的人际关系，拓展读者的视界，见证读者的成长和进步。

现在，我们可以通过电子书（微信读书、掌阅、今日头条、得到、当当云阅读、Kindle 等平台），有声书（喜马拉雅等平台），视频解读和线上线下读书会等更多方式，满足不同场景的读者体验。

关注微信公众号"**海派阅读**"，随时了解更多更全的图书及活动资讯，获取更多优惠惊喜。你还可以将阅读需求和建议告诉我们，认识更多志同道合的书友。让派酱陪伴读者们一起成长。

微信搜一搜　🔍 海 派 阅 读

了解更多图书资讯，请扫描封底下方二维码，加入"中资书院"。

也可以通过以下方式与我们取得联系：

📖 采购热线：18926056206 / 18926056062　　📞 服务热线：0755-25970306

✉ 投稿请至：szmiss@126.com　　⊚ 新浪微博：中资海派图书

更 多 精 彩 请 访 问 中 资 海 派 官 网　　　www.hpbook.com.cn ▷